Sandra Jastrzembski

GENETISCHE DIVERSITÄT VON ECHINOCOCCUS MULTILOCULARIS: VERGLEICHENDE UNTERSUCHUNGEN ZWEIER MARKERSYSTEME

Sandra Jastrzembski

GENETISCHE DIVERSITÄT VON ECHINOCOCCUS MULTILOCULARIS: VERGLEICHENDE UNTERSUCHUNGEN ZWEIER MARKERSYSTEME

WFA MEDIEN VERLAG

D100
Dissertation der Universität Hohenheim, Institut für Parasitologie 2016.

Von der Fakultät Naturwissenschaften der Universität Hohenheim zur Erlangung des Grades eines Doktors der Naturwissenschaften (Dr. rer. nat.) genehmigte Dissertation.

Dekan: *Prof. Dr. rer. nat. Heinz Breer*
1. berichtende Person: Prof. Dr. rer. nat. Ute Mackenstedt
2. berichtende Person: Prof. Dr. rer. nat. Johannes Steidle

Eingereicht am: *23.05.2016*
Mündliche Prüfung am: 24.08.2016

Bibliografische Information der Deutschen Nationalbibliothek
Die Deutsche Nationalbibliothek verzeichnet diese Publikation in der Deutschen Nationalbibliografie; detaillierte bibliografische Daten sind im Internet über http://dnb.dnb.de abrufbar.

ISBN Paperback: 978-3-946589-12-9
ISBN E-Book: 978-3-946589-13-6

© WFA Medien Verlag, Stuttgart
WFA Medien Verlag | Patrick Haag, Uhlandstr. 65, 71299 Wimsheim

www.wfa-medien-verlag.de

Genetische Diversität von

Echinococcus multilocularis:

vergleichende Untersuchungen

zweier Markersysteme

Dissertation
zur Erlangung des Doktorgrades
der Naturwissenschaften (Dr. rer. nat.)

Fakultät Naturwissenschaften
Universität Hohenheim

Institut für Zoologie
Fachgebiet Parasitologie

vorgelegt von
Sandra Jastrzembski
aus Essen
2016

Dekan: Prof. Dr. rer. nat. Heinz Breer

1. berichtende Person: Prof. Dr. rer. nat. Ute Mackenstedt

2. berichtende Person: Prof. Dr. rer. nat. Johannes Steidle

Eingereicht am: 23.05.2016

Mündliche Prüfung am: 24.08.2016

A scientist in his laboratory is not only a technician: he is also a child placed before natural phenomena which impress him like a fairy tale.

(Marie Curie)

Danksagung

Eine Doktorarbeit zu schreiben ist schon schwer genug, aber noch schwerer ist es die richtigen Worte zu finden, um meinen Dank gegenüber den vielen Personen auszudrücken, die mich auf diesem langen Weg unterstützt haben.

Zunächst gilt mein Dank natürlich Frau Prof. Dr. Ute Mackenstedt, die mir das Thema zur Verfügung gestellt und es mir ermöglicht hat, in ihrer Arbeitsgruppe die Dissertation anzufertigen.

Herrn Prof. Dr. Johannes Steidle und Herrn Prof. Dr. Peter Rosenkranz vielen Dank für die Bereitschaft, als zweiter bzw. dritter Gutachter meiner Arbeit zu fungieren.

Herrn Dr. Thomas Romig, Frau Dr. Anke Dinkel und Frau Dr. Marion Wassermann möchte ich für die gute Betreuung danken. Vielen Dank, dass ihr drei mir immer alle Fragen – egal ob zur Laborarbeit, dem Fuchsbandwurm und anderen Parasiten, oder sonstigen Dingen – geduldig beantwortet habt und mir bei Problemen jederzeit zur Verfügung standet.

Allen anderen Kollegen aus dem FG Parasitologie herzlichen Dank für die gute Zusammenarbeit und die angenehme Arbeitsatmosphäre.

Ein besonders herzlicher Dank gilt Frau Dr. Jenny Knapp, die mich in das komplexe Thema Mikrosatelliten eingearbeitet hat und mir über all die Jahre immer wieder bei ungezählten Fragen und Problemen geduldig zur Verfügung stand. Merci beaucoup Jenny!

Auch dem gesamten Team in Besançon gilt mein herzlicher Dank für die gute Zusammenarbeit, und dass sie mich während meiner Zeit dort so herzlich aufgenommen haben.

Den Mitarbeitern des Landesgesundheitsamtes Baden-Württemberg, insbesondere Herrn Dr. Rainer Oehme, vielen Dank dafür, dass ich dort das Sequenzieren lernen durfte.

Vielen Dank den Jägern und Jagdgemeinschaften der Schwäbischen Alb, die dem FG Parasitologie seit Jahren Füchse für Untersuchungen zur Verfügung stellen.

Conny, Steffi und Daniela aus der Tierökologie: Einfach nur Danke für die schöne Zeit!

Nicht zu vergessen Nicole und alle anderen „Biologen + 1". Ich danke euch für die vielen Diskussionen, Aufmunterungen, Ratschläge, einfach für die Freundschaft, ein Wort, dass so viel mehr ausdrückt, als sich in Worte fassen lässt!

Meiner Familie, insbesondere meinen Eltern, möchte ich sagen, dass ich euch unendlich dankbar bin für die jahrelange Unterstützung und dass ihr immer an mich geglaubt habt. Danke!

Und zum Schluss und doch nicht zu Letzt: Danke meinem Mann Daniel, danke für alles!

Abkürzungsverzeichnis

Abb.	Abbildung
Acc.-Nr.	Accession-Number
AE	alveoläre Echinokokkose
AS	Aminosäure
atp6	Adenosintriphosphatase Untereinheit 6
BLAST	Basic Local Alignment Search Tool
bp	Basenpaar
°C	Grad Celsius
CE	Zystische Echinokokkose
cm	Zentimeter
cob	Cytochrom b
cox1	Cytochrom-C-Oxidase Untereinheit 1
DNA	Desoxyribonukleinsäure (Desoxyribo Nucleic Acid)
dNTP	Desoxyribonukleosidtriphosphat
EtOH	Ethanol
EW	Endwirt
fw	forward Primer
g	Gramm
Ht	Haplotyp
IST	Intestinal Scraping Technique
kb	Kilobasen
km	Kilometer
$MgCl_2$	Magnesiumchlorid

Min.	Minute
mm	Millimeter
mM	Millimolar
ms	mikrosatelliten-
mt	mitochondrial
µm	Mikrometer
NaAc	Natriumacetat
NaOH	Natriumhydroxid
nd1	NADH-Dehydrogenase Untereinheit 1
nd2	NADH-Dehydrogenase Untereinheit 2
PBS	Phosphatgepufferte Salzlösung (Phosphate Buffered Saline)
PCR	Polymerase-Kettenreaktion (Polymerase Chain Reaction)
pmol	Pikomol
Ref.	Referenz
rev	reverse Primer
rpm	Umdrehungen pro Minute (Rotations Per Minute)
Sek.	Sekunde
spp.	species pluralis
SSCP	Single Strand Conformation Polymorphism
Tab.	Tabelle
TBE	Tris-Borat-EDTA-Puffer
UV	ultraviolett
ZW	Zwischenwirt

Gliederung

IV

1. Einleitung

1.1. *Echinococcus multilocularis*

1.1.1. Taxonomische Einordnung

Der 1863 erstmals von Leuckart beschriebene „kleine Fuchsbandwurm" *Echinococcus multilocularis* ist einer der kleinsten Vertreter der Cestoda.

Taxonomisch gehört er innerhalb der Plathelminthes zur Klasse der Cestoda, Ordnung Cyclophyllidea. Die Familie Taeniidae wiederum besteht aus den Gattungen *Taenia*, *Echinococcus, Hydatigera* und *Versteria* (Nakao *et al.* 2013a).

Tab. 1: Taxonomische Einordnung von *E. multilocularis*

Stamm: Plathelminthes (Plattwürmer)
Klasse: Cestoda (Bandwürmer)
Ordnung: Cyclophyllidea
Familie: Taeniidae
Gattung: *Echinococcus* Rudolphi, 1801
Art: *E. multilocularis* Leuckart, 1863

Innerhalb der Gattung *Echinococcus* hat es in den letzten Jahren aufgrund neuer molekularbiologischer Daten größere Umstrukturierungen gegeben. Neben *E. multilocularis*, welcher im Menschen die sogenannte alveoläre Echinokokkose verursacht, gibt es die in Südamerika vorkommenden Arten *E. vogeli* und *E. oligarthra,* welche die polyzystische Echinokokkose verursachen. 2005 wurde in China eine weitere Art beschrieben, *E. shiquicus,* die neben dem weltweit verbreiteten Artkomplex von *E. granulosus* die zystische Echinokokkose verursacht (Xiao *et al.* 2005). Außerdem wurde 2008 von Hüttner *et al.* betätigt, dass *E. felidis* als eigenständige Art angesehen werden muss und somit nicht mehr als Strain von *E. granulosus* angesehen werden kann. Eine Aufzählung der nach aktuellen Erkenntnissen

1

bestätigten Arten und Strains von *Echinococcus granulosus* sensu lato findet sich in Tabelle 2. Neben genetischen Unterschieden unterscheiden sich die einzelnen Arten auch morphologisch und anhand ihrer Zwischenwirte.

Tab. 2: Liste der bestätigten Arten von *E. granulosus* sensu lato (verändert nach Nakao *et al.* 2013b)

Art	Verbreitung	Endwirt(e)	Zwischenwirt(e)	Hydatide	Humaninfektionen
E. granulosus sensu stricto	weltweit	Hund	Schafe, Ziegen, Rinder	unilokulär	häufig
E. felidis	Afrika	Löwe	Warzenschwein	unbekannt	unbekannt
E. multilocularis	holarktisch	Rotfuchs, Eisfuchs	Arvicolinae	alveolär	häufig
E. shiquicus	Tibet	Tibetfuchs	Pfeifhasen	unilokulär	unbekannt
E. equinus	weltweit	Hund	Pferde	unilokulär	unbekannt
E. oligarthra	neotropisch	Wildkatzen	Aguti	unilokulär	selten
E. vogeli	neotropisch	Waldhund	Paka	polyzystisch	selten
E. ortleppi	weltweit	Hund	Rinder	unilokulär	selten
E. canadensis G6/G7	weltweit	Hund	Schweine, Kamele, Rinder, Ziegen, Schafe	unilokulär	selten
E. canadensis G8	nordarktische und boreale Regionen	Wolf	Elche, Wapitis	unilokulär	selten
E. canadensis G10	nordarktische und boreale Regionen	Wolf, Hund	Elche, Rentiere, Wapitis	unilokulär	selten

1.1.2. Morphologie

Die Größe der Adulti von *Echinococcus multilocularis* beträgt etwa 1-4mm und sie besitzen 4-5 Proglottiden. Am Scolex sitzen vier Saugnäpfe und ein zweireihiger Hakenkranz, womit sich der Fuchsbandwurm zwischen den Darmzotten festheftet. Die Nahrungsaufnahme findet über die Körperoberfläche statt, da Cestoda keinen Darm besitzen. In den Proglottiden der zwittrigen Würmer befinden sich sowohl die männlichen als auch die weiblichen Fortpflanzungsorgane. Die letzte gravide Proglottis ist, anders als bei *E. granulosus*, weniger als halb so lang wie der gesamte Wurm und enthält die befruchteten Eier und löst sich ab, um dann mit dem Kot des Wirts ausgeschieden zu werden (Eckert *et al.* 2001, Lucius & Loos- Frank 2008).

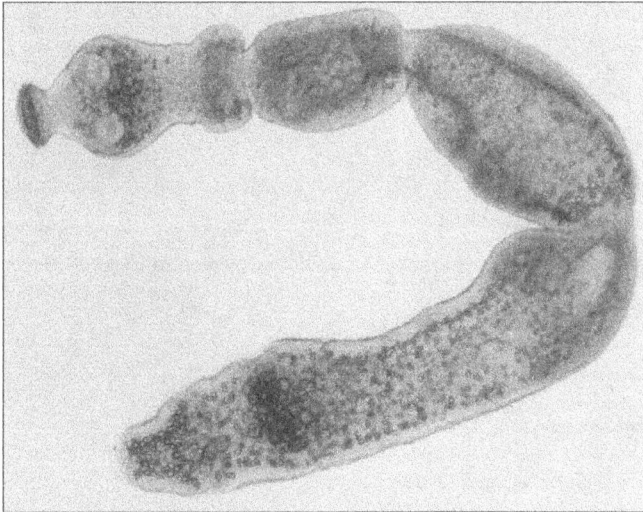

Abb.1: Adulter *Echinococcus multilocularis* (Foto: FG Parasitologie, Universität Hohenheim)

Nach der Befruchtung (üblich ist bei *Echinococcus* die Autogamie, also Selbstbefruchtung, während Heterogamie (Befruchtung zwischen verschiedenen Individuen) nur sehr selten auftritt) löst sich die gravide Proglottis ab und wird mitsamt den in ihr enthaltenen 200-300 embryonierten Eiern mit dem Kot des Wirts ausgeschieden. Die Eier des Parasiten haben einen Durchmesser von 30-40μm und enthalten das erste Larvenstadium, die Onkosphäre. Aufgrund ihrer keratinisierten Embryophore sind sie sehr resistent gegen Umwelteinflüsse und können unter günstigen Bedingungen (leichte Feuchtigkeit und Temperaturen zwischen 4 und 15°C) mehrere Monate überdauern. Hohe Temperaturen und Austrocknung überstehen sie dagegen nicht. Rein morphologisch lassen sich die Eier der Taeniiden nicht unterscheiden (Eckert et al. 2001, Lucius & Loos-Frank 2008).

Im Zwischenwirt werden die Onkosphären frei und gelangen über die Darmwand in den Blutstrom. Anschließend siedelt sich das zweite Larvenstadium, der so genannte Metacestode, insbesondere in der Leber an, wo eine ungeschlechtliche Vermehrung stattfindet. Es bilden sich dicht zusammenliegende, in Parasitengewebe eingebettete 2-15mm große Vesikeln, welche aus einer äußeren, azellulären Laminarschicht und einer inneren Keimschicht aufgebaut sind und das Wirtsgewebe infiltrieren. In ihnen liegen in einer gallertigen Substanz die Protoskolizes. In Gegensatz zu *E. granulosus* bilden sich keine flüssigkeitsgefüllten Blasen (Eckert et al. 2001).

Die Larvenmasse wächst durch exogene Knospung tumorartig immer weiter in gesundes Gewebe hinein. Diese Wachstumsform wird auch als alveolär bezeichnet, woher beim Menschen der Name der Erkrankung „alveoläre Echinokokkose" stammt (Eckert et al. 2001).

1.1.3. Lebenszyklus und Wirtsspektrum

1.1.3.1. Lebenszyklus

Der sylvatische Lebenszyklus von *E. multilocularis* ist ein Räuber- Beute- Zyklus, in den Caniden als Endwirte und deren Beutetiere als Zwischenwirte involviert sind. Hunde und sehr selten Katzen kommen ebenfalls als Endwirte in Frage, wenn sie infizierte Nagetiere fressen. Der Mensch, der sich über die orale Aufnahme der Eier infizieren kann, ist aufgrund der evolutionären Sackgasse, die er für den Parasiten bildet, ein Fehlzwischenwirt.

4

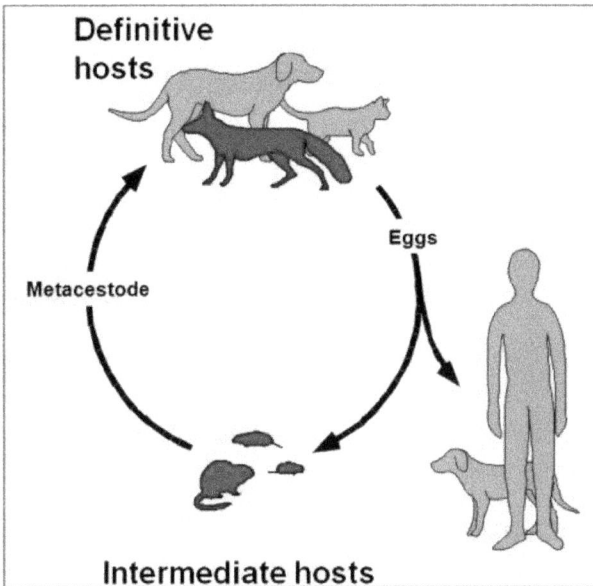

Abb.2: Lebenszyklus von *Echinococcus multilocularis*
(Abbildung: Dr. T. Romig, Universität Hohenheim)

Die Adulti leben im Darm der Endwirte, wo sie zwischen den Darmzotten angeheftet über ihr Tegument Nahrung aufnehmen. Im Endwirt findet auch die Fortpflanzung über Selbstbefruchtung (selten auch Kreuzbefruchtung) statt. Die die Eier enthaltende gravide Proglottis löst sich ab und wird mit dem Kot des Wirts ausgeschieden, wobei sie aufreißt und die Eier frei werden.

Diese werden von den Zwischenwirten mit der Nahrung, oder auch über kontaminiertes Trinkwasser, aufgenommen. Im Darm des Zwischenwirts schlüpft aus den Eiern die Onkosphäre, durchdringt die Darmwand und wird mit dem Blutstrom in die Leber gespült, wo sich der Metacestode, das zweite Larvenstadium bildet. Auch im Larvenstadium findet in den sich bildenden Brutkapseln eine, in diesem Fall asexuelle, Vermehrung durch Knospung statt und es entwickeln sich Protoskolizes (Eckert *et al.* 2001).

Im natürlichen Zwischenwirt findet dieses Wachstum in relativ kurzer Zeit statt, während es im Menschen über viele Jahre stattfindet und es entstehen oft nur wenige, oder auch gar keine Protoskolizes. Ein möglicher Grund ist die jeweilige Lebensspanne des Wirts, wobei der Mensch generell kein geeigneter Wirt zu sein scheint, da dieser oft keine graviden Metacestoden aufweist.

Frisst nun ein Endwirt einen infizierten Zwischenwirt, so entwickeln sich in dessen Darm aus den Protoskolizes wieder adulte Würmer und der Zyklus ist geschlossen.

Im Endwirt ist die Erkrankung asymptomatisch, während sie für (Fehl-) Zwischenwirte immer tödlich verläuft. Neben dem Menschen gibt es noch weitere Fehlwirte. Dazu zählen Haushund, Pferd, Schwein, Wildschwein, Nutria, sowie verschiedene Affenarten (Eckert & Deplazes 2004).

Der Zyklus findet nicht nur in ländlichen/ wenig besiedelten Regionen statt, sondern etabliert sich durch die zunehmende Einwanderung von Füchsen immer häufiger auch in Städten. Diese finden dort zusätzlich zu ihren (im Lebenszyklus von *E. multilocularis* als Zwischenwirt dienenden) Beutetieren eine große Anzahl weiterer Futterquellen, insbesondere Nahrungsabfälle des Menschen (Deplazes *et al.* 2004).

1.1.3.2. Wirtsspektrum

Je nach Land und Region kann ein mehr oder weniger breites Wirtsspektrum in den Zyklus involviert sein. Zusätzlich zu den im Folgenden beschriebenen Wirten können auch Neozoen als End- oder Zwischenwirte in Frage kommen.

1.1.3.2.1. Europa

Hauptendwirt von *Echinococcus multilocularis* in Europa ist der Rotfuchs (*Vulpes vulpes*), auf der norwegischen Insel Spitzbergen dient der Eisfuchs (*Vulpes lagopus*) als Endwirt. Bei Haushunden (*Canis familiaris*) und Katzen (*Felis catus*) wurde nachgewiesen, dass sich durch natürliche Infektion Eier- produzierende Stadien bilden können. Hunde sind jedoch deutlich stärker empfänglich für eine Infektion als Katzen. Eine Infektion bei Hunden und Katzen ist allerdings nur möglich, wenn sie die Gelegenheit haben, mit dem Fuchsbandwurm befallene Mäuse zu fressen. Auch der aus Asien eingewanderte Marderhund dient dem Parasiten als Endwirt. Als Zwischenwirte dienen dem Fuchsbandwurm in Europa hauptsächlich Feldmaus (*Microtus arvalis*) und Schermaus (*Arvicola terrestris*), aber auch Bisame (*Ondatra zibethicus*) können als Zwischenwirt fungieren. Selten wurde ein Befall bei Schneemaus (*Microtus nivalis*), Kurzohrmaus (*Pitymys subterraneus*), Rötelmaus (*Myodes glareolus*), Hausmaus (*Mus musculus*) und Feldhase (*Lepus europaeus*) nachgewiesen (Eckert *et al.* 2001; Vuitton *et al.* 2003; Jenkins *et al.* 2005; Romig *et al.* 2006, Chaignat *et al.* 2015).

Zu erwähnen sei hier, dass nach aktuellem Kenntnisstand *Arvicola terrestris* nicht mehr als einzelne Art angesehen wird, sondern sich in 2 Arten aufteilt, *Arvicola scherman* und *Arvicola amphibius* (Wilson & Reeder 2005). Da im überwiegenden Teil der Literatur jedoch weiterhin von *A. terrestris* gesprochen wird und insbesondere aus älteren Studien nicht eindeutig hervorgeht, welche Art gemeint ist, wird in der vorliegenden Arbeit allgemein von *A. terrestris* gesprochen.

1.1.3.2.2. Asien

In Asien dienen neben dem Rotfuchs (*Vulpes vulpes*) auch Eisfuchs (*Vulpes lagopus*), Steppenfuchs (*Vulpes corsac*), Wolf (*Canis lupus*), Haushund (*Canis lupus familiaris*), Schakal (*Canis aureus*), Marderhund (*Nyctereutes procyonoides*) und Tibetfuchs (*Vulpes ferrilata*) als Endwirte. Auch Wild- und Hauskatzen kommen hier als Endwirte in Frage. Zwischenwirte in Asien sind etwa 30 verschiedene Arten von Säugetieren u.a. der Gattungen *Microtus, Arvicola, Meriones, Clethrionomys, Lagurus,* und *Lemmus*. Weiter dienen auch der aus Amerika eingeschleppte Bisam, Erdhörnchen, Spitzmäuse, Murmeltiere und zwei Arten der Lagomorpha (Pika (*Ochotona curzoniae*) und Tibetanischer Wollhase (*Lepus oiostolus*)) als Zwischenwirte (Eckert *et al.* 2001; Vuitton *et al.* 2003).

1.1.3.2.3. Nordamerika

Endwirte in Nordamerika sind Eisfüchse (*Vulpes lagopus*), Rotfüchse (*Vulpes vulpes*), Kojoten (*Canis latrans*), Wölfe (*Canis lupus*) und Graufüchse (*Urocyon cinereoargenteus*). Auch hier kommen Haushunde und Katzen als Endwirte in Frage. Als Zwischenwirte dienen je nach Region nordische Wühlmäuse (*Microtus oeconomus*), sibirischer Lemming (*Lemmus sibiricus*), Polarrötelmäuse (*Clethrionomys rutilus*), Spitzmäuse (Soricidae), Hirschmäuse (*Peromyscus maniculatus*), Wiesenwühlmäuse (*Microtus pennsylvanicus*), Buschschwanzratte (*Neotoma cinerea*), Hausmaus und Bisam (Eckert *et al.* 2001; Jenkins *et al.* 2005).

1.2. Die humane alveoläre Echinokokkose

Der Mensch infiziert sich nur selten mit dem Fuchsbandwurm und der genaue Infektionsweg ist nicht sicher geklärt. Eine Infektion ist nur möglich über die orale Aufnahme der Eier. Als Infektionsquelle werden immer wieder kontaminiertes Wasser, oder Nahrungsmittel, wie verschiedene Beeren, Gemüse, Salat und Kräuter, genannt, was jedoch bislang nicht belegt werden konnte. Auch der Umgang mit infizierten Endwirten und eine Hand- zu- Mund- Übertragung ist möglich, dies insbesondere bei Hundehaltern und Jägern (Eckert *et al.* 2001).

Nachdem die Onkosphären im Magen aus den Eiern geschlüpft sind durchdringen sie die Darmwand und gelangen über die Pfortader in die Leber. Hier bilden die Metacestoden keine Zysten wie bei *E. granulosus*, sondern eine kompakte Larvenmasse aus kleinen Bläschen mit einem Durchmesser von wenigen Millimetern bis zu hin zu 20cm. Neben der Leber können auch andere Organe befallen sein, dies kommt jedoch nur selten vor. Symptome treten meist erst nach einer Inkubationszeit von fünf bis 15 Jahren auf. Diese äußern sich in je einem Drittel der Fälle durch Gelbsucht bzw. Schmerzen im Rumpfbereich und in einem weiteren Drittel durch Abgeschlagenheit, Gewichtsverlust, so wie Lebervergrößerung (Eckert et al. 2001; Brunetti et al. 2010).

Die Diagnose erfolgt mit bildgebenden Verfahren, wie Ultraschall und Computertomographie und/ oder serologischen Nachweis, Histopathologie und molekularbiologische Methoden wie PCR. Unbehandelt führt die Erkrankung in den meisten Fällen zum Tod. Eine ausschließlich operative Entfernung des Metacestodengewebes ist aufgrund von dessen krebsartigem Wachstum oft nicht ausreichend. Daher erfolgt die Behandlung sowohl über eine Operation, als auch über die Verabreichung von Benzimidazol- Derivaten (Albendazol, Mebendazol). Eine vorbeugende Impfung ist bislang nicht vorhanden (Brunetti et al. 2010).

1.3. Geographische Verbreitung und Prävalenz

1.3.1. Weltweit

Das Vorkommen von Echinococcus multilocularis ist in Abhängigkeit seiner Wirte auf die Nordhalbkugel beschränkt. Die Prävalenzen sind je nach Land bzw. Region sehr unterschiedlich und von verschiedenen Faktoren abhängig, z.B. von dort Dichte der Wirtspopulationen, dem Alter und der Ernährung der Wirte, aber auch von Landschaftsformen und Umwelteinflüssen. So kann der Anteil befallener Tiere sowohl über weite Gebiete als auch in eng begrenzten Regionen stark variieren. Zu beachten ist hierbei, dass Daten zum Befall oft abhängig sind von der Anzahl untersuchter Wirtsorganismen und den verwendeten Untersuchungsmethoden.

Endemische Regionen im Verbreitungsgebiet von Echinococcus multilocularis sind vor allem Teile Nordamerikas, Mitteleuropas und Nord- und Zentralasiens (Eckert et al. 2001).

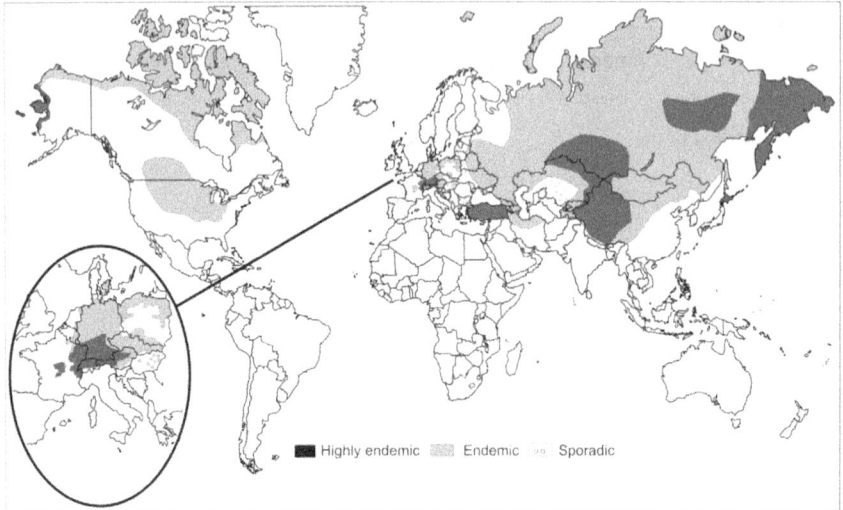

Abb.3: Weltweite Verbreitung von *E. multilocularis* auf der nördlichen Hemisphäre
(aus Torgerson *et al.* 2010)

1.3.2. Europa

Der ursprüngliche Fokus des kleinen Fuchsbandwurms umfasste um 1980 Teile der
Schweiz und Österreichs, so wie Süddeutschland und den Osten Nordfrankreichs
(Eckert *et al.* 2001). Dort und auch in anderen heute bekannten Endemiegebieten wie
der Slowakei, Polen und Holland ist die Prävalenz in Füchsen in den letzten Jahren
deutlich angestiegen. Dabei ist jedoch unklar, ob der Parasit in ursprünglich nicht
endemischen Ländern tatsächlich nicht vorkam und erst im Laufe der Zeit von Füchsen
eingeschleppt wurde. Möglich ist jedoch auch, dass er in diesen Regionen bereits
lange etabliert war und nur aufgrund der steigenden Prävalenzen und gleichzeitig
vermehrt durchgeführter Untersuchungen erst kürzlich nachgewiesen wurde (Romig
et al. 2006).

Heute ist *Echinococcus multilocularis* in den meisten europäischen Ländern verbreitet.
Dazu gehören Belgien, die Niederlande, Dänemark, Luxemburg, Frankreich,
Deutschland, die Schweiz, Liechtenstein, Österreich, Tschechien, die Slowakei, Polen,

Rumänien, Bulgarien, die Ukraine, sowie Ungarn, Estland, Lettland, Litauen, Italien, Slowenien, Weißrussland, Moldawien und der europäische Teil von Russland (van der Giessen *et al.* 1999; Eckert *et al.* 2001; Kern *et al.* 2003; Sreter *et al.* 2003; Casulli *et al.* 2005; Moks *et al.* 2005; Bruzinskaite *et al.* 2007; Saeed *et al.* 2006, Vergles Rataj *et al.* 2010, Konyaev *et al.* 2013).

Ende der 1990er Jahre wurde der Parasit auch auf der zu Norwegen gehörenden Insel Spitzbergen und im Jahr 2011 erstmals in Schweden nachgewiesen (Henttonen *et al.* 2001; Osterman-Lind *et al.* 2011).

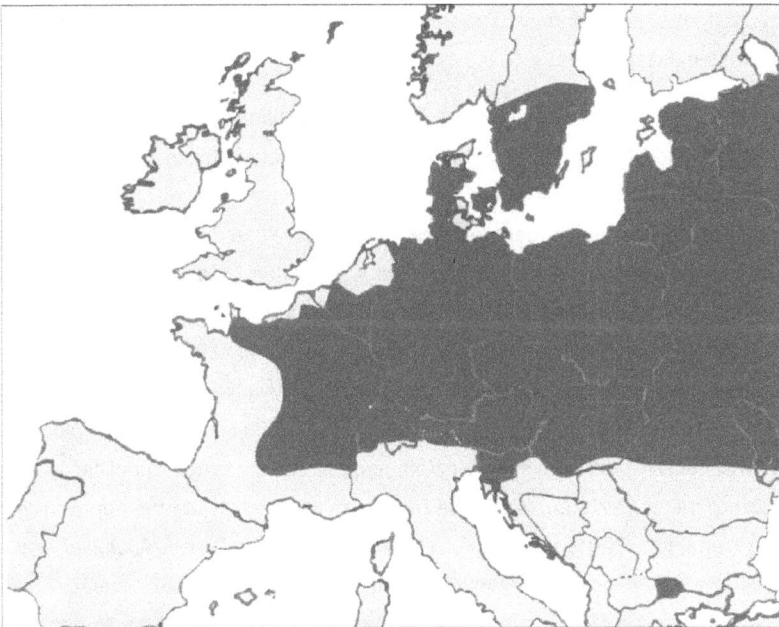

Abb.4: Verbreitung von *E. multilocularis* in Europa (dunkelrot). Nicht gekennzeichnet ist hier Großbritannien, wo ein Fall humaner AE belegt ist (aus Gottstein *et al.* 2015, verändert)

Keinen Nachweis des Fuchsbandwurms gibt es bislang aus Finnland, dem norwegischen Festland (Madslien *et al.* 2012), sowie von der iberischen Halbinsel, aus der Mitte und dem Südwesten Frankreichs. Aus Großbritannien ist ein Fall humaner

AE belegt (Cook 1991), dort wurde der Parasit bislang jedoch nicht in Füchsen nachgewiesen (Learmount *et al.* 2012). Da der Parasit bzw. dessen Wirte jedoch in direkt benachbarten Regionen, oder Ländern vorkommen, ist davon auszugehen, dass der Parasit in naher Zukunft auch in diesen bislang nicht endemischen Regionen beschrieben wird, da eine Einschleppung durch Füchse nicht ausgeschlossen werden kann. Auch eine Einschleppung durch den Menschen, wie auf Spitzbergen (Henttonen *et al.* 2001) ist nicht auszuschließen.

Wurde zuerst vermutet, dass *E. multilocularis* in voneinander getrennten, über Europa verteilten Populationen vorkommt, so ist inzwischen davon auszugehen, dass diese doch weitgehend zusammenhängen und sich nur durch unterschiedliche hohe Prävalenzen auszeichnen.

In Europa liegt der prozentuale Anteil befallener Füchse je nach Land bzw. Region zwischen 1 und 60%, wobei es teilweise sehr hohe Befallszahlen in eng begrenzten Gebieten gibt, während in den umgebenden Regionen die Prävalenz deutlich geringer ausfällt. Insgesamt ist in den letzten Jahren überall ein deutlicher Anstieg der Prävalenz zu beobachten. Grund dafür könnten u.a. größer werdende Fuchspopulationen seit der Bekämpfung der Tollwut sein, so wie die zunehmende Einwanderung von Füchsen in Städte (Deplazes *et al.* 2004). Zu beachten ist allerdings, dass die Befallszahlen in Füchsen stark schwanken können, abhängig von der Populationsdichte der Tiere, Landnutzung, Jahreszeiten und weiteren Faktoren. In den Zwischenwirten fällt die Prävalenz oft geringer aus als in den Endwirten und liegt häufig nur bei ca. 1%- 6%, wobei die Befallszahlen, ähnlich wie bei den Endwirten, schwanken und teilweise bis zu 40% oder mehr erreichen können. Auch hier sind ein möglicher Grund für unterschiedliche Prävalenzen die verschiedenen Landschaftsformen. So kommen die als Zwischenwirt dienenden Nager- Arten insbesondere auf Weiden und Grasland vor, so dass hier die Übertragungsrate zwischen End- und Zwischenwirt am höchsten sein dürfte (Romig *et al.* 2006).

Bei Menschen liegt die Prävalenz in Europa zwischen 1 und 10 Fällen pro 100000 Einwohner (Romig *et al.* 1999).

In einigen Fällen wurde der Parasit in nicht als endemisch geltenden Ländern im Menschen nachgewiesen (z.B. Großbritannien (Cook 1991) und Südkorea (Kim *et al.* 2011)), aber bislang nicht in End- oder Zwischenwirten.

1.3.3. Asien

In Asien kommt *Echinococcus multilocularis* in der Volksrepublik China, der Mongolei, Russland, der Türkei, dem Iran, Japan, Kirgistan, Turkmenistan, Usbekistan, Aserbaidschan, Kasachstan, Tadschikistan, Georgien, Armenien vor (Eckert *et al.* 2001). Kürzlich wurde der erste Fall einer humanen alveolären Echinokokkose in Südkorea beschrieben, jedoch gibt es bislang keine Studien über das Vorkommen des Parasiten in End- und Zwischenwirten in dem Land (Kim *et al.* 2011).

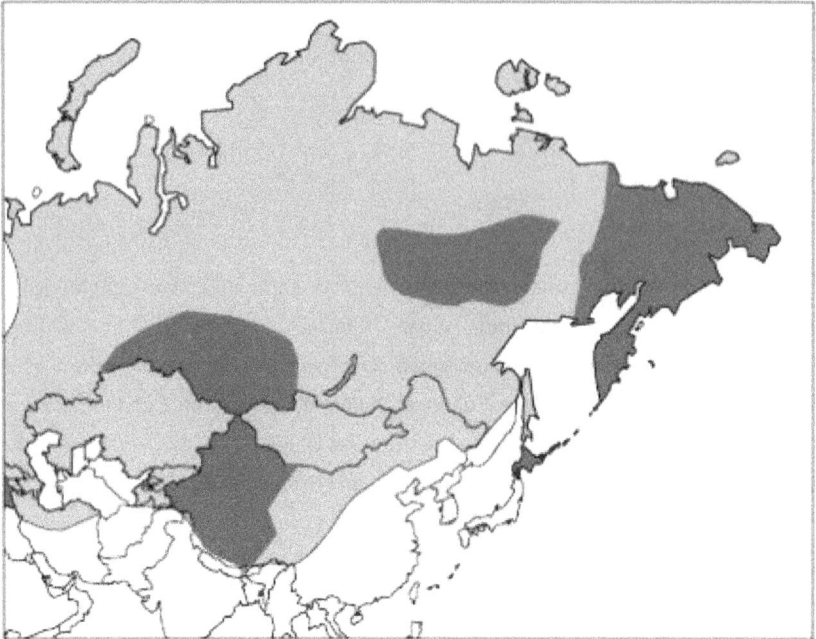

Abb.5: Verbreitung von *E. multilocularis* in Asien (aus Eckert *et al.* 2001, verändert)

Besonders betroffen ist China. In diesem Land wurde der Parasit in den Provinzen Ganzu, Innere Mongolei, Xinjiang, Ningxia, Heilongjiang, Tibet, Qinghai und Sichuan nachgewiesen, mit zum Teil hohen Prävalenzen und gehäuft auftretenden Fällen der humanen alveolären Echinokokkose (Eckert *et al.* 2001; Vuitton *et al.* 2003). Dabei ist die Prävalenz sowohl in den End- und Zwischenwirten, als auch im Menschen ungleichmäßig verteilt. Je nach Region sind zwischen 17 und 60% der Endwirte infiziert, <1-25% der Zwischenwirte und <1-16% der Bevölkerung (Vuitton *et al.* 2003).

In Russland sind die Prävalenzen im äußersten Osten und einem großen Gebiet an der Grenze zu Kasachstan und der Mongolei am höchsten, wobei der Bandwurm auch in den meisten anderen Regionen des Landes nachgewiesen wurde. In der Türkei wurde die größte Anzahl humaner AE Fälle im asiatischen Teil des Landes gefunden, Patienten sind jedoch aus allen Landesteilen bekannt. Da humane Fälle regelmäßig auftreten kann das Land als endemisch gewertet werden, auch wenn erst ein einziger infizierter Fuchs nachgewiesen wurde. *Echinococcus multilocularis* konnte im Iran in End- und Zwischenwirten in zum Teil hohen Prävalenzen bis zu 100% in EW, bis zu 80% in ZW) nachgewiesen werden. Auch mehrere Fälle einer humanen AE sind bekannt (Eckert *et al.* 2001, Beiromvand *et al.* 2013).

In Japan ist der Parasit ausschließlich auf der Insel Hokkaido endemisch. Zwischen 1981 und 1991 breitete sich der Parasit mit importierten Füchsen über 90% der Fläche der Insel aus. Die Prävalenz in Füchsen liegt dort bei 10-30%, in Nagern bei 4-22%.

Die höchste Prävalenz wurde in Asien in China und Russland nachgewiesen, wobei sie gerade in China insbesondere auch in Haus- und streunenden Hunden sehr hoch ist. Je nach Region schwankt die Prävalenz in Asien in den Endwirten zwischen 15 und 40%. Wie in Europa ist auch hier die Prävalenz im Zwischenwirt deutlich geringer als im Endwirt und liegt im Durchschnitt bei 1-11%. In einigen Arten wurde jedoch eine Prävalenz von 21% (Sibirischer Lemming (*Lemmus sibiricus*)) und bis zu 52% (Nordische Wühlmaus (*Microtus oeconomus*)) nachgewiesen (Eckert *et al.* 2001).

1.3.4. Nordamerika

In Nordamerika kommt der Parasit in mehreren kanadischen Provinzen, so wie in 13 Staaten der USA vor.

Abb.6: Verbreitung von *E. multilocularis* in Nordamerika (aus Gesy *et al.* 2013). Neu hinzugekommen und hier noch nicht grau schattiert ist die Region British Columbia (BC)

Interessanterweise treten Fälle von humaner AE gehäuft auf der zu Alaska gehörenden Insel St. Lawrence Island auf, während aus den USA und Kanada nur 2 Fälle bekannt waren, einer 1928 in Manitoba, Kanada (James & Boyd 1937), der zweite 1977 in Minnesota, USA (Gamble *et al.* 1979). Erst 2013 wurde ein weiterer Fall humaner AE in Alberta, Kanada bekannt (Massolo, pers. Mitteilung). Allerdings gibt es weitere Fälle einer humanen AE bei denen ungeklärt ist, ob die Patienten sich die Infektion im Ausland zugezogen haben und es ist zu vermuten, dass humane AE auch fälschlicher Weise als Krebs diagnostiziert wird (Massolo *et al.* 2014).

Es wird vermutet, dass der Parasit in den 1960er Jahren aus dem Norden Kanadas Richtung Süden des Landes und in die USA eingewandert ist. Dort ist er heute in Nord und Süd Dakota, Ohio, Illinois, Indiana, Nebraska, Montana, Wyoming, Michigan,

Missouri, Wisconsin, Iowa und Minnesota endemisch. Eine zukünftige weitere Ausbreitung ist anzunehmen, da in den meisten Regionen Nordamerikas die natürlichen Wirte von *E. multilocularis* vorkommen (Eckert *et al.* 2001).

Die Prävalenz liegt in Endwirten bei durchschnittlich 77% und in Zwischenwirten bei 2-16%, kann aber lokal bis zu 80% erreichen. Sowohl in natürlichen Wirten als auch im Menschen wurden die höchsten Prävalenzen auf St. Lawrence Island dokumentiert (Eckert *et al.* 2001).

1.4. Mögliche Verbreitungswege

Damit sich ein Parasit in einem vorher nicht endemischen Gebiet etablieren kann, müssen dort sowohl End- als auch Zwischenwirte vorhanden sein. Im Fall von *Echinococcus multilocularis* hat der Rotfuchs als Endwirt sehr große Reviere und wandert auf der Suche nach Nahrung, oder einem neuen Revier oft viele Kilometer. Lässt er sich in einem neuen Revier nieder, so kann sich der Fuchsbandwurm dort nur verbreiten, wenn geeignete Zwischenwirte vorkommen.

Für die Niederlande wurde, auf die Jahre von 1996 bis 2003 bezogen, eine Verbreitungsgeschwindigkeit von *E. multilocularis* von 2,7km pro Jahr berechnet (Takumi *et al.* 2008). Diese Geschwindigkeit der Ausbreitung kann jedoch nicht verallgemeinert werden, da die Gegebenheiten, die der Ausbreitung zugrunde liegen, sich von Land zu Land deutlich unterscheiden. Außerdem wurden hier nur Endwirte untersucht, wodurch sich noch nicht auf eine endgültige Etablierung des Parasiten in neu besiedelten Gebieten schließen lässt.

Auch stellen in den letzten Jahren eingeschleppte, oder eingewanderte Neozoen ein weiteres Reservoir für den Parasiten dar, wie z.B. der Marderhund (*Nyctereutes procyonoides*), der seit den 1960er Jahren in Deutschland vorkommt (Nowak 1984).

Schließlich kann auch der Mensch zur Verbreitung von *Echinococcus multilocularis* beitragen. Ein Beispiel hierfür ist das erstmals im Jahr 2000 belegte Vorkommen des Parasiten auf der zu Norwegen gehörenden Insel Spitzbergen. Dort kam zwar der als

Endwirt fungierende Eisfuchs (*Vulpes lagopus*) bereits vor, jedoch gab es ursprünglich dort keine Nager Populationen und somit keinen geeigneten Zwischenwirt. Vermutlich in den 1960er Jahren wurde die Südfeldmaus (*Microtus levis*) mit Futtermitteln für Nutztiere dort ansässiger russischer Minengesellschaften eingeschleppt und eine stabile Population konnte sich (ausschließlich) in der Region um Longyearbyen gründen. Bei einer Untersuchung in den Jahren 1999 und 2000 wurde in den Nagern *E. multilocularis* nachgewiesen, es hatte sich also ein Zyklus zwischen Eisfüchsen und Feldmäusen etabliert (Henttonen *et al.* 2001).

1.5. Genetische Diversität

Zur Untersuchung der genetischen Diversität von *Echinococcus multilocularis* kamen seit den 1990er Jahren verschiedene Methoden zum Einsatz. Doch die Ergebnisse aller Studien, ganz gleich ob nukleäre Marker, single-strand conformation polymorphism (SSCP), mitochondriale Marker, oder Mikrosatelliten- Marker verwendet wurden, weisen alle darauf hin, dass die genetische Diversität des Parasiten gering ist.

Im Folgenden liegt der Fokus auf mitochondrialen Markern und Mikrosatelliten, da diese Marker in der vorliegenden Dissertation zum Einsatz kamen.

1.5.1. Mitochondriale Marker

Mitochondriale (mt) Marker sind für die Analyse der genetischen Diversität gut geeignet, da das mitochondriale Genom haploid ist, in hoher Kopienzahl vorkommt, es schneller evolviert als das nukleäre Genom und keine Rekombination aufweist.

Tab.3: Übersicht über bisher durchgeführte Studien zur genetischen Diversität von *E. multilocularis*. Auf mögliche andere in den Studien verwendete Marker wird hier nicht näher eingegangen. AL = Alaska, A = Asien, B = Belgien, CI = China, D = Deutschland, ES = Estland, EU = Europa, F = Frankreich, I = Iran, J = Japan, KA = Kanada, KS = Kasachstan, LT = Lettland, MO = Mongolei, NA = Nordamerika, Ö = Österreich, PL = Polen, RU = Russland, SK = Slowakei, StL = St. Lawrence Island (Alaska), SüK = Südkorea; * = Acc.Nr. gibt vollständiges Gen, Sequenz hat aber Lücke von 645bp

Studie	untersuchtes Gen (Länge laut Veröffentlichung/ tatsächlich)	Position im Genom	Anzahl Isolate	Anzahl Ht	Beschreibung/ Bezeichnung Haplotypen	Vorkommen	Acc.Nr.
Bowles et al. 1992	cox1 (366bp)	9909-10274	4	2	M1, M2	M1: CI, AL, NA; M2: EU	M84668 (M1); M84669 (M2)
Bowles + McManus 1993	nd1 (471bp/ 444bp)	7626-8069	4	2	M1, M2	M1: CI, AL, NA; M2: EU	AJ237639 (M1), AJ237640 (M2)
Okamoto et al. 1995	cox1 (391bp)	unbekannt	6	1	alle identisch, kein weiterer Vergleich	J, AL	unbekannt
Haag et al. 1997	nd1 (141bp) + nukleäre Gene	unbekannt	33	2	A, B	A: EU, A, NA (außer StL), B: NA (nur StL)	unbekannt
Kedra et al. 2000	nd1 (471bp/ 502, 494, 485 + 500bp)	7618-8119, 7624-8117, 7630-8114, 7617-8116	4	4	Varianten von M1 und M2	PL	AJ132907-AJ132910
Fukunaga et al. 2001 (unveröffentlicht)	atp6 (676bp)	5784-6459	?	3	?	D	AB027552+55-56
Boucher et al. 2005	cox1 (296bp) + U1snRNA	unbekannt	2	2	99-99,9% identisch mit bekannten Daten (bei cox1 zu M2)	F	unbekannt
Moks et al. 2005	nd1 (426bp)	7647-8072	6	1	alle identisch, stimmten mit Daten von Kedra et al. 2000 überein	ES	AY855918
Okamoto et al. 2007	cox1 (391bp)	unbekannt	6	1	alle identisch, Ht nicht näher beschrieben	J, StL	unbekannt
Snábel et al. 2006	cox1 (354bp)	9922-10275	12	1	alle identisch, unterscheiden sich an 1 Position zu M1 und an 3 Pos. zu M2	SK (identisch mit Sequenz von Boucher et al. 2005)	DQ013305
Knapp et al. 2008	atp6 (516bp) + Mikrosatelliten	vermutlich 5865-6380	32	2	2 Ht, davon einer identisch mit AB027557	F	unbekannt
Bagrade et al. 2008	cox1 (789bp), nd1 (589bp), atp6 (516bp) + rrnS	unbekannt	4	?	Unterschiede zu nicht näher beschriebenem „europäischem Haupttyp" gefunden	LT	unbekannt
Nakao et al. 2009	cob (1068bp), cox1 (1608bp), nd2 (882bp)	3111-4178 (cob); 9165-10772 (cox1); 6389-7270 (nd2)	76	18	Ht 4 Clustern zugeordnet (NA, EU, A, MO)	E1: Ö; E2: F, D; E3: F; E4: F, B; E5: SK; A1 KS;	AB461395-AB461420, AB477009-

Fortsetzung Tab. 3

Referenz						A2: KS, AL; A3: J; A4: J, AL; A5-A10: CI; N1: AL; N2: NA; O1: MO	
Ito et al. 2010	cox1 (1608bp/689, 1578 + 1543bp)	9470-10158, 9199-10746, 9199-10741, 9165-10772	4	2	Ht aus A und MO nach Nakao et al. 2009; etwas uneindeutig	MO	AB477012
Snábel et al. 2011 (unveröffentlicht)	atp6 (516bp)	5865-6380	?	1	?	RO	AB510022-AB510025
Jenkins et al. 2012	nd1 (488bp), cob (1068bp/1210bp), cox1 (1608bp*), nd2 (882bp/928bp) + EmsB	9165-9381+10027-10810 (cox1)*; 7615-8102 (nd1); 3108-4317 (cob); 6375-7302 (nd2)	1	5 (?)	weitgehend identisch mit europ. Daten	KA	JF708945 JF751033-6
Konyaev et al. 2013	cox1 (1608bp)	9165-10772	50	18	Ht aus den 4 von Nakao et al. 2009 beschriebenen Clustern (NA, EU, A, MO)	RU	AB688125-35, AB777915-21
Beiromvand et al. 2013	nd1 (395bp/399, 370, 377, 370 + 371bp)	7643-8041, 7645-8014, 7650-8026, 7644-8013, 7644-8014	30	1	100% identisch. mit nicht näher beschriebener Referenz	—	AB720065-69
Jeong et al. 2013	cox1 (1608bp)	9165-10772	1	1	>99% identisch mit Daten aus A und EU	SüK	AB780998
Gesy et al. 2014	nd1 (370bp)	7658-8027	56	17	A-Q: E identisch mit Daten aus KA, PL und CI	KA	KF962555-71
Gesy & Jenkins 2015	cox1 (899bp/1605, 789), cob (693bp/555, 603 + 1068bp), nd2 (623bp/577, 543 + 855bp)	6493-7070, 6389-7243, 6527-7069 (nd2); 3336-3890, 3348-3950 (cob); 3111-4178 (cob); 9165-10769, 9591-10379 (cox1)	41	8	1 Ht identisch mit N2 von Nakao et al. 2009	KA	KC549993+9, KC550006-8, KC582614-19, KC582621-26, KC582628-33

Tab.3 gibt einen Überblick über bisherige Studien, in denen mitochondrialen Marker eingesetzt wurden. Darin ist die Problematik der bisherigen Studien erkennbar: Es gibt keine einheitliche Vorgehensweise. Zum einen ist die Anzahl untersuchter Isolate sehr unterschiedlich, zum anderen werden unterschiedliche mitochondriale Gene als genetischer Marker eingesetzt. Auch wurde von demselben Marker nicht unbedingt das gleiche Fragment verwendet.

Bei der bisher umfangreichsten Analyse untersuchten Nakao *et al.* (2009) 76 Isolate aus 12 Ländern (aus Europa, Nordamerika, Asien) mit den vollständigen Gensequenzen von cob, cox und nd2 (insgesamt 3558bp). Sie konnten dabei 18 Haplotypen nachweisen und diese in vier geographische Cluster (Europa, Nordamerika, Asien, Mongolei).

In aktuellen Studien wurden nun jedoch auch Übereinstimmungen mit europäischen Haplotypen in kanadischen Isolaten nachgewiesen (Jenkins *et al.* 2012), so wie Haplotypen aus den 4 geographischen Clustern nach Nakao *et al.* (2009) in Proben aus Russland (Konyaev *et al.* 2012 und 2013).

Die höchste genetische Diversität scheint in Asien und im asiatischen Teil Russlands vorzuherrschen und über Europa nach Nordamerika abzunehmen. Doch auch anhand der bekannten Daten bleibt unklar, wie genau sich der Parasit verbreitet hat.

1.5.2. Mikrosatelliten- Marker

Seit Ende der 1990er Jahre werden auch Mikrosatelliten als Marker verwendet, um die genetische Diversität von *Echinococcus multilocularis* zu analysieren. Mikrosatelliten sind kurze, nicht kodierende, sich tandemartig wiederholende Sequenzabschnitte von nicht mehr als 6 Basen Länge. Es gibt single-locus und multi-locus Mikrosatelliten. Erstere sind nur einmal im Genom vorhanden, während die anderen über das gesamte Genom verteil sind.

Mit dem multi-locus Mikrosatellit U1snRNA konnten weltweit 3 genetische Profile nachgewiesen werden, jedoch ließen sich die Isolate eines Landes mit diesem Marker nicht unterscheiden (Bretagne *et al.* 1991). Ähnliche Ergebnisse wurden mit den single-locus Mikrosatelliten EmsJ, EmsK und NAK1 von Knapp *et al.* (2007) erzielt. Eine Unterscheidung von Isolaten aus demselben Land gelang schließlich mit dem multi-locus Mikrosatelliten EmsB (erstmals verwendet von Bart *et al.* 2006), welcher auch eine Einordnung der Isolate in geographische Cluster ermöglichte (Knapp *et al.* 2007).

Der Marker EmsB wurde anschließend für eine Studie zur genetischen Diversität des Fuchsbandwurms in Europa verwendet, in der in 571 Isolaten 32 verschiedene Haplotypen nachgewiesen werden konnten. Dies ermöglichte die Aufstellung der sogenannten „mainland-island"- Hypothese zur Verbreitung des Parasiten in Europa (Knapp *et al.* 2009). Diese Hypothese konnte 2014 mithilfe des Markers EmsB auch für Isolate aus Frankreich beschrieben werden (Umhang *et al.* 2014).

EmsB ist heute der am häufigsten verwendete Mikrosatelliten- Marker zur Untersuchung von verschiedenen Aspekten der genetischen Diversität von *Echinococcus multilocularis*. Mit diesem Marker wurde beispielsweise ein autochthoner Fokus des Parasiten im Norden Italiens nachgewiesen (Casulli *et al.* 2009), in Kanada konnte ein europäischer Haplotyp des Fuchsbandwurms beschrieben werden (Jenkins *et al.* 2012) und es wurde belegt, dass der Parasit nicht vom europäischen Festland nach Spitzbergen eingeschleppt wurde (Knapp *et al.* 2012).

Im Gegensatz zu mitochondrialen Markern ergibt sich bei der Arbeit mit Mikrosatelliten das Problem, dass noch eine allgemein zugängliche Datenbank fehlt, so dass sich verschiedene Studien untereinander und eigene Daten mit denen anderer Arbeiten nicht vergleichen lassen. Auch werden die Mikrosatelliten- Profile bislang nicht einheitlich benannt. Ähnlich wie bei den Studien mit mitochondrialen Markern ist auch hier ein weiteres Problem, dass es keine einheitliche Vorgehensweise in Bezug auf die Anzahl der verwendeten Isolate gibt und unterschiedliche Mikrosatelliten als genetische Marker eingesetzt werden.

1.6. Ziele der Arbeit

Die genetische Diversität des kleinen Fuchsbandwurms *Echinococcus multilocularis* wird seit den 1990er Jahren untersucht. Dabei finden insbesondere nukleäre und mitochondriale Marker Verwendung. Alle eingesetzten Marker brachten jedoch dasselbe Ergebnis: eine eher geringe genetische Diversität. Die einzige Ausnahme bildet der Mikrosatellit EmsB, womit sich in 571 europäischen Isolaten 32 Profile nachweisen ließen und die Aufstellung einer Hypothese zur Verbreitung des Parasiten in Europa möglich wurde.

Die Problematik aller bisherigen Studien liegt dabei in der uneinheitlichen Vorgehensweise. Die Anzahl untersuchter Isolate, die verwendeten Marker, die Länge der amplifizierten Sequenzen und die Herkunft der Isolate unterscheiden sich in den meisten Studien. Außerdem gibt es bislang keine Datenbank für EmsB, so dass sich mit diesem Marker erhaltene Daten kaum vergleichen lassen.

In der vorliegenden Arbeit sollte nun aus mehreren europäischen Ländern dieselbe Anzahl an Isolaten des kleinen Fuchsbandwurms *Echinococcus multilocularis* nach demselben methodischen Vorgehen gewonnen und genetisch untersucht werden.

Dabei wurden für alle Isolate sowohl mitochondriale Marker, als auch ein Mikrosatelliten Marker verwendet, um einen direkten Vergleich der verschiedenen Markersysteme zu ermöglichen. Dies sollte zudem zeigen, in wie weit sich unterschiedliche genetische Marker miteinander vergleichen lassen und welche Marker sich für welche Fragestellung am besten eignen. Auch sollten die Ergebnisse mit bereits vorhandenen Daten aus anderen Studien verglichen werden.

Angestrebt wurde hier die Bearbeitung einer möglichst großen Anzahl von Isolaten mit mitochondrialen Markern. Dies sollte zeigen, ob sich dabei ebenfalls eine höhere genetische Diversität ergibt, wie sie mit dem Mikrosatelliten- Marker EmsB in einer umfangreichen Studie mit großer Probenzahl (Knapp *et al.* 2009) nachgewiesen wurde.

Damit soll untersucht werden, ob auch mithilfe mitochondrialer Marker die oben erwähnte „mainland-island"- Hypothese belegt werden kann. Lassen sich verschiedene Haplotypen nachweisen und sind einige davon spezifisch in einer Region, kann versucht werden, Rückschlüsse auf mögliche Ausbreitungswege des Parasiten zu ziehen.

Und da inzwischen ein europäischer Haplotyp im nordamerikanischen Cluster, so wie ein europäischer und ein nordamerikanischer Haplotyp im asiatischen Cluster belegt werden konnten stellt sich nun die Frage, ob sich bei der Analyse einer größeren Probenmenge auch „nicht- europäische" Haplotypen in Europa nachweisen lassen.

2. Material und Methoden

2.1. Material

2.1.1. Probenherkunft

Insgesamt standen für diese Arbeit 661 Isolate (adulte Würmer und Metacestodengewebe) von *E. multilocularis* aus 160 Tieren aus der Schweiz, Deutschland, Österreich, Frankreich, Luxemburg, Polen, der Slowakei und Tschechien zur Verfügung. Die genaue Herkunft der einzelnen Proben ist den Tabellen 17 und 18 im Anhang zu entnehmen.

Tab.4: Herkunft, Wirtsorganismus und Anzahl der hier verwendeten Isolate je nach Projekt, indem diese bereits bearbeitet wurden

Herkunft	Organismus (n)	Anzahl Isolate	EchinoRisk/ Hohenheim (n)
Schweiz	Füchse (9)	40	EchinoRisk (9/40)
Deutschland	Füchse (48)	202	EchinoRisk (18/89) Hohenheim (30/113)
	Nutria (2)	2	Hohenheim (2/2)
Luxemburg	Bisame (10)	10	Hohenheim (10/10)
Österreich	Füchse (22)	98	EchinoRisk (22/98)
Polen	Füchse (20)	99	EchinoRisk (20/99)
Slowakei	Füchse (14)	70	EchinoRisk (14/70)
Tschechien	Füchse (15)	71	EchinoRisk (15/71)
Frankreich	Füchse (20)	69	EchinoRisk (20/69)
gesamt	160	661	EchinoRisk: 118/536 Hohenheim: 42/125

2.1.1.1. Proben EchinoRisk

Für die vorliegende Arbeit wurden *E. multilocularis*-Isolate aus verschiedenen europäischen Ländern untersucht (siehe Abbildung 7 und Tabelle 4). Sie bestanden aus der DNA von 536 adulten Würmern aus 118 Füchsen, welche zwischen 2001 und 2005 von Jägern geschossen, oder bei Verkehrsunfällen getötet wurden. Die Proben stammen aus dem EchinoRisk-Projekt und wurden dem Fachgebiet Parasitologie von Frau Dr. Jenny Knapp (CHRU, Besançon) und Herrn Professor Bruno Gottstein (Universität Bern) zur Verfügung gestellt. Von Frau Knapp wurden die Isolate während ihrer Doktorarbeit bereits mit dem Mikrosatelliten EmsB untersucht (Knapp 2008).

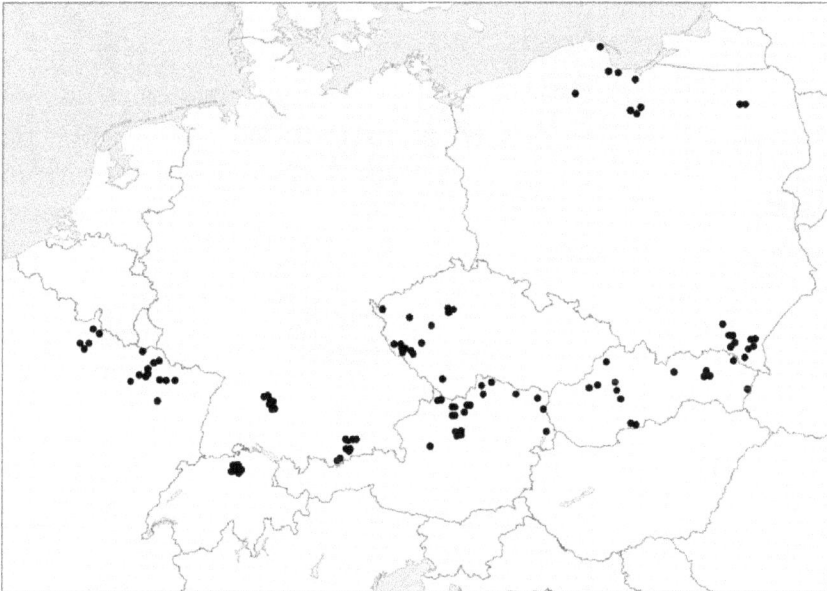

Abb.7: Herkunft der untersuchten Proben aus dem EchinoRisk-Projekt. Jeder Punkt stellt einen Fuchs dar

2.1.1.2. Proben Hohenheim

Weitere 125 Isolate, die aufgrund vorheriger Diplom- und Bachelorarbeiten am FG Parasitologie der Universität Hohenheim schon vorrätig waren, stammen aus Deutschland und Luxemburg.

Bei diesen Proben handelte es sich zum einen um 113 adulte Würmer aus 30 Füchsen (siehe Abbildung 8 und Tabelle 4), die dem Fachgebiet Parasitologie von Jägern aus Bayern und Baden-Württemberg zur Verfügung gestellt wurden. Die aus Bayern stammenden Füchse wurden in Frieding, Hanfeld, Painhofen und Dießen geschossen, die Füchse aus Baden-Württemberg stammen von verschiedenen Standorten auf der Schwäbischen Alb (Römerstein, Donnstetten, Wiesensteig, Zainingen und Ditz). Sowohl in Bayern als auch in Baden-Württemberg wurden die Tiere von Jägern geschossen und zentral in Gefriertruhen gesammelt und von dort direkt zur Untersuchung abgeholt.

Zum anderen standen 2 Proben aus 2 Nutrias aus dem Oberrheintal zwischen Offenburg und Lahn, sowie 10 Isolate aus 10 Bisamen aus Luxemburg zur Verfügung, welche dem FG Parasitologie vom Staatlichen Tierärztlichen Untersuchungsamt Aulendorf (STUA) bzw. der luxemburgischen Forstverwaltung freundlich überlassen wurden.

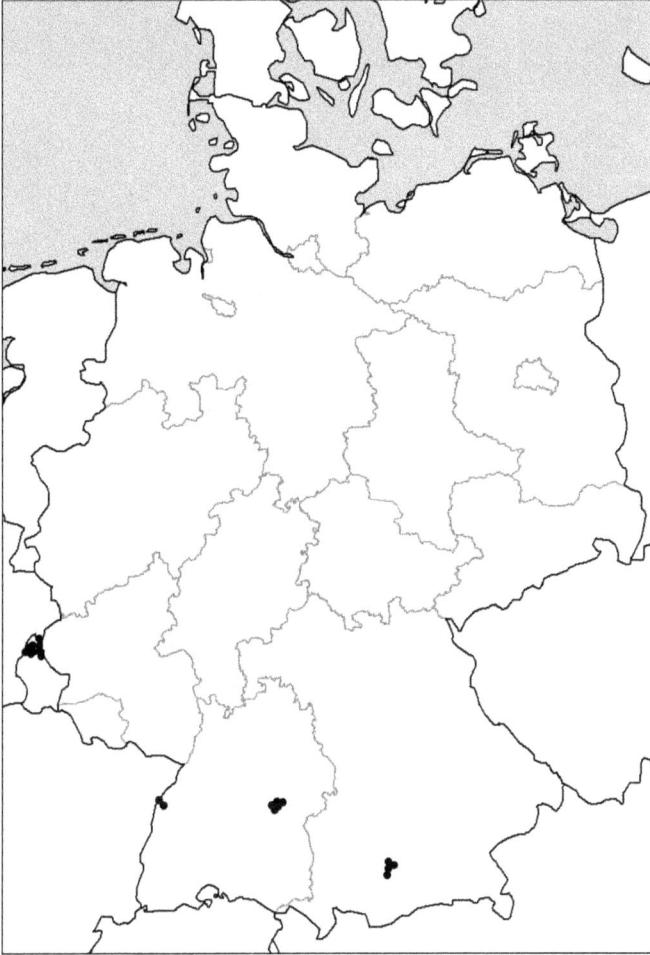

Abb.8: Herkunft der unter Punkt 2.1.1.2. beschriebenen Proben. Jeder Punkt stellt ein Tier dar

2.2. Methoden

2.2.1. Probenisolierung

2.2.1.1. Isolierung adulter Würmer aus Füchsen mittels IST

2.2.1.1.1. Proben Hohenheim

Die nach Hohenheim gebrachten Füchse wurden im S3-Labor aufgetaut und anschließend seziert, um mit Hilfe der Darmabstrich-Methode (Intestinal Scraping Technique = IST) nach Deplazes & Eckert (1996) eine mögliche Infektion mit *Echinococcus multilocularis* nachzuweisen. Dies muss unter S3-Bedingungen erfolgen, da zum einen, wie unter Punkt 1.2. beschrieben, der Fuchsbandwurm auch für den Menschen infektiös ist, zum anderen kann auch eine Infektion der Füchse mit Tollwut nicht ausgeschlossen werden.

Vor der Sektion wurden Geschlecht, Herkunft und Abschussdatum der Tiere protokolliert. Anschließend wurde der Bauchraum der Tiere eröffnet und der Dünndarm entnommen. Dieser wurde auf Zeitungspapier ausgebreitet, der Länge nach aufgeschnitten und der Darminhalt so weit wie möglich entfernt.

Mithilfe von Objektträgern wurden je Darm 10 Proben entnommen. Dazu wurde die Schmalseite der Objektträger mit leichtem Druck über einen kurzen Abschnitt der Mukosa gezogen und das entnommene Material unter dem Objektträger in eine Petrischale gestrichen. Die Präparate konnten dann unter dem Stereomikroskop auf einen möglichen Befall mit *Echinococcus multilocularis* untersucht werden.

Konnten Adulti von *E. multilocularis* nachgewiesen werden, wurde die Probe mithilfe des Objektträgers in eine neue Petrischale gegeben und die Würmer nach Zugabe von 1x PBS vereinzelt. Mit einer Pipette konnten die einzelnen Würmer nun in ein 50 ml Probenröhrchen gegeben werden. Sobald sich die Würmer am Boden des Röhrchens abgesetzt hatten, wurde das PBS so weit wie möglich entfernt und durch 70% Ethanol ersetzt.

Alle Proben wurden im Anschluss für mindestens 3 Tage bei -80 °C eingefroren, um die in den Parasiten enthaltenen Eier abzutöten.

Im S2-Labor wurde der Inhalt der einzelnen Probenröhrchen in Petrischalen gegeben. Unter dem Stereomikroskop wurde mit sterilen Nadeln der Scolex einzelner Würmer abgetrennt. Für jeden Wurm wurden neue sterile Nadeln verwendet, bzw. wurden die Nadeln nach jedem Parasiten in EtOH getaucht und über einem Bunsenbrenner abgeflammt um diese zu sterilisieren und eine akzidentelle Verschleppung von Parasitenmaterial zu verhindern.

2.2.1.1.2. Proben EchinoRisk

Bei diesen Proben handelte es sich um bereits extrahierte DNA adulter Würmer. Die Isolation der Parasiten aus Füchsen erfolgte ebenfalls mit der oben beschriebenen IST. Die Würmer waren bis zu ihrer DNA-Extraktion in 70% EtOH aufbewahrt worden. Diese Proben waren bereits von Frau Knapp für ihre Doktorarbeit verwendet worden, sodass das Fachgebiet Parasitologie sie als bereits extrahierte DNA erhielt.

2.2.1.2. Isolierung von Metacestoden aus Bisamen und Nutria

Auch die Bisame und Nutria wurden unter S3-Bedingungen seziert. Nach Eröffnung des Bauchraumes wurden die Tiere makroskopisch auf einen Befall mit *E. multilocularis* untersucht. Konnten Läsionen festgestellt werden, wurden diese mit einem Skalpell entfernt. Auch unklare Befunde wurden entnommen, um durch eine spätere PCR einen eindeutigen Nachweis einer *E. multilocularis*-Infektion erbringen zu können. Die Proben wurden bis zur Verwendung in 80% EtOH aufbewahrt.

Material und Methoden

2.2.2. DNA-Extraktion

2.2.2.1. Proben EchinoRisk

Die DNA der Isolate von Frau Knapp wurde mit dem DNA-Extraktions-Kit DNeasy Blood & Tissue Kit extrahiert. Dazu gibt man in einem 1,5 ml Reaktionsgefäß zu einem adulten Wurm 180 µl ATL-Puffer und 20µl Proteinase K und inkubiert nach gründlichem Mischen mittels Vortex bei 56 °C bis zur vollständigen Lyse des Parasiten. Nach erneutem Mischen für 15 Sek. werden 200 µl AL-Puffer und 200 µl 96-100% Ethanol zugefügt und erneut gemischt. Dann pipettiert man die Lösung in ein DNeasy spin column, welche in ein 2 ml Reaktionsgefäß platziert wird. Nach Zentrifugation bei 8000 rpm für 1 Min. wird das Auffanggefäß verworfen und das DNeasy spin column in ein neues 2 ml Reaktionsgefäß gesetzt. Nun werden 500 µl AW1-Puffer zugegeben und erneut zentrifugiert (8000 rpm, 1 Min.). Wieder wird das Auffanggefäß mit der Pufferlösung verworfen und das spin column in ein leeres Reaktionsgefäß überführt, bevor nach Zugabe von 500 µl AW2-Puffer für 3 Min. bei 14000 rpm erneut zentrifugiert wird. Anschließend wird das spin column noch einmal in ein neues Reaktionsgefäß gesetzt und nach Zugabe von 200µl AE-Puffer und einer Inkubation von 1 Min. bei Raumtemperatur für 1 Min. bei 8000rpm zentrifugiert. Das Auffanggefäß enthält nun die extrahierte DNA, die direkt in die PCR eingesetzt werden kann.

2.2.2.2. Proben Hohenheim

Die DNA-Extraktion erfolgte mit Hilfe einer für adulte *Echinococcus multilocularis* beschriebene Methode. Nakao *et al.* (2003) verwendeten komplette adulte Würmer zur Isolierung der DNA. In der vorliegenden Arbeit wurde die DNA jedoch nur aus den Scolices der Parasiten isoliert, damit möglicherweise befruchtete Eier nicht in die Proben gelangen.

Die einzelnen Scolices wurden jeweils mit einer Pipette in ein PCR- Reaktionsgefäß mit 10 µl 0.02N NaOH überführt und die Proben dann bei 95 °C für 10 Min. im

ThermoCycler erhitzt. Anschließend konnten die Proben direkt in die folgenden PCR´s eingesetzt werden.

Die Isolierung der DNA aus den Metacestoden der Bisame wurde nach Dinkel *et al.* (1998) durchgeführt. Dazu wurden je Probe etwa 3 g zuerst 3x mit 1000 µl H_2O dest. gewaschen und jeweils 3 Min. bei 16000 g zentrifugiert, um das EtOH möglichst vollständig zu entfernen. Anschließend wurde nach Zugabe von 60 µl Proteinase K, 500 µl Lysepuffer und 10 µl 1M Dithiothreitol bei 56 °C für 4 Stunden ein Verdau durchgeführt, wobei die Proteinase Proteine hydrolysiert und DNasen inaktiviert, während Dithiothreitol Disulfidbrücken in den Proteinen auflöst. Die DNA-Extraktion erfolgte dann mit Phenol-Chloroform-Isoamylalkohol (25:24:1). Von diesem Gemisch wurden jeder Probe 570 µl zugefügt und diese dann 10 Minuten bei 16000 g zentrifugiert, wobei eine Auftrennung in 3 Phasen stattfand. Die oberste Phase, die die DNA enthielt, wurde nun abgenommen und in neue Reaktionsgefäße überführt, die 1000 µl Ethanol abs. und 50 µl 3 M NaAc enthielten und das Gemisch über Nacht bei -20 °C inkubiert. Dadurch erfolgt die Fällung der DNA. Daran anschließend folgte eine Zentrifugation von 13500 g für 30 Min., wonach der Überstand verworfen wurde, da sich die DNA als Pellet am Boden des Gefäßes absetzt. Nach Zugabe von 500 µl 70% EtOH, um vorhandene Salze zu entfernen, wurde erneut für 10 Min. bei 16000 g zentrifugiert. Der Überstand wurde wieder verworfen und das die DNA enthaltene Pellet 45 Min. bei 56 °C getrocknet, um den vorher zugefügten Alkohol zu entfernen. Abschließend wurden dem Pellet 100 µl nukleasefreies H_2O zugegeben und es über Nacht darin gelöst. Die so erhaltene DNA konnte nun für PCRs verwendet werden.

Aus den aus Nutria stammenden Isolaten wurde die DNA mittels Maxwell[TM]16 extrahiert. Dies wurde von Herrn Thomas Ziegler im Regierungspräsidium Stuttgart, Abteilung Landesgesundheitsamt, durchgeführt. Dazu wurde ein Stück befallenes Gewebe in die erste Kammer einer Maxwell-Kartusche überführt, welche einen Lysepuffer enthält. Nachdem das Gemisch aus Puffer und Gewebe mit einem Stößel homogenisiert wurde, wurden paramagnetische Silika-Partikel (MagneSil®PMPs) zugegeben, an denen die negativ geladenen Nukleinsäuren haften bleiben. Mithilfe des durch einen Magneten bewegten Stößels wurde die gebundene DNA in die

Material und Methoden

folgenden Kammern überführt, in denen Waschpuffer Verunreinigungen entfernten und schließlich ein Elutionspuffer mit geringem Salzgehalt die Nukleinsäuren eluierte. Abschließend trennte ein Magnet die Silka-Partikel von der DNA, so dass diese ab pipettiert und nun für eine folgende PCR verwendet werden konnten (Ziegler 2007).

2.2.3. PCR

2.2.3.1. Die Polymerase-Kettenreaktion (PCR)

Die 1983 von Mullis entwickelte Polymerase-Kettenreaktion (Polymerase Chain Reaction = PCR) (Mullis 1990) ermöglicht die Amplifikation spezifischer DNA-Abschnitte, wobei der Methode die natürliche DNA-Replikation der Zellen zugrunde liegt. Dazu werden spezielle Oligonukleotide (sogenannte Primer) eingesetzt. Diese bestehen in der Regel aus etwa 20-30 Basen mit einem Anteil von 40-60% Guanidin und Cytosin und sind zu Bereichen der Ziel-DNA komplementär, zwischen denen das Fragment oder Gen liegt, welches durch die PCR vervielfältigt werden soll. Eine thermostabile DNA-Polymerase (Taq-Polymerase) synthetisiert ausgehend von den Primern einen komplementären DNA-Strang. Dazu werden Desoxynukleotide (dATP, dTTP, dGTP, dCTP), sowie ein Puffer zur Gewährleistung des pH-Optimums der Polymerase (>8) gegeben. Außerdem wird $MgCl_2$, welches u.a. das Primer-Annealing, die Trennung der Matrizenstränge bei der Denaturierung und die Produktspezifität beeinflusst, benötigt. Die eigentliche PCR-Reaktion läuft in mehreren aufeinanderfolgenden Zyklen ab, die aus den Teilschritten Denaturierung, Annealing und Elongation bestehen.

Bei der Denaturierung wird die DNA auf etwa 94 °C erhitzt, wodurch die Wasserstoffbrückenbindungen zwischen den Basenpaaren der DNA-Doppelstränge zerstört werden. Für das folgende Annealing wird die Temperatur ungefähr auf die spezifische Schmelztemperatur der Primer gesenkt (üblicherweise ca. 50- 60 °C). Diese binden nun an die komplementären Bereiche der durch die Denaturierung einzelsträngig vorliegenden DNA. In der Phase der Elongation wird die Temperatur auf das Temperaturoptimum der Taq-Polymerase von 72 °C erhöht, wodurch diese

32

ausgehend von den Primern die zur Ziel-DNA komplementären DNA-Stränge synthetisiert. Jeder Zyklus aus Denaturierung, Annealing und Elongation wird in der Regel zwischen 25 und 40 mal wiederholt. Dabei erhöht sich mit jedem Zyklus kontinuierlich die Anzahl der Amplifikate.

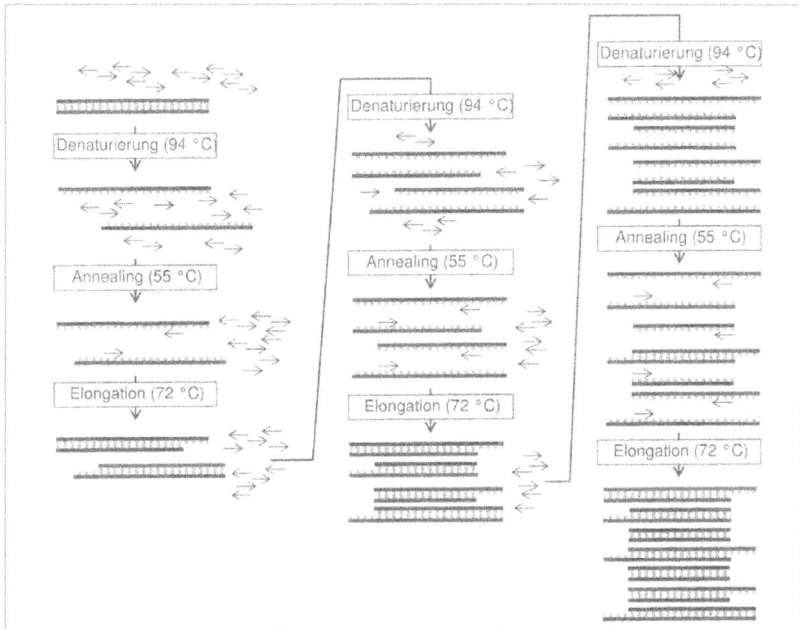

Abb.9: Prinzip der exponentiellen DNA-Vervielfältigung während der PCR (aus Mülhardt 2009)

Generell lässt man bei der PCR eine Positiv- und (mindestens) eine Negativkontrolle mitlaufen. Die Positivkontrolle zeigt, ob die PCR-Reaktion funktioniert hat, während die Negativkontrolle auf eine mögliche Kontamination der verwendeten Reagenzien hinweist.

2.2.3.2. nested-PCR

Die nested-PCR kann auf eine „klassische" PCR-Reaktion folgen, um sowohl die Sensitivität als auch die Spezifität zu erhöhen. Dabei liegen die verwendeten Primer innerhalb des Amplifikationsprodukts der ersten PCR, welches hier als Matrize dient, wodurch die in der ersten Reaktion entstandenen Amplifikate nochmals vervielfältigt werden. Gleichzeitig wird die Wahrscheinlichkeit unspezifischer Amplifikationen verringert, die Gefahr einer Kontamination erhöht sich jedoch.

2.2.3.3. Gelelektrophorese

Die Agarose-Gelelektrophorese kann DNA- Fragmente von einer Größe von 0,5-25 kb Länge auftrennen. Dazu wird Agarose in einem Elektrophorese-Laufpuffer bis zum Sieden erhitzt und kurze Zeit gekocht, bis sie vollständig gelöst ist. Für die vorliegende Arbeit wurden 1,5%ige Gele verwendet, die aus jeweils 0,75 g Agarose und 50 ml 1x TBE-Puffer bestehen. Die nach dem Erhitzen noch flüssige Agarose wird in den Gelschlitten gegossen, in dem sich nach dem Aushärten durch eingesetzte Kämme Taschen bilden. In diese werden nun die Proben pipettiert (hier: je 5 µl Probe, versetzt mit einem Gemisch aus Ladepuffer und Farbstoff (GelRed)). Dann wird eine Spannung angelegt, wodurch die DNA-Fragmente durch das Gel wandern. Kleinere Fragmente gelangen schneller durch die Agarose als größere, wodurch ihre Größe anhand eines mitgelaufenen Größenstandarts ermittelt werden kann. Ist die DNA ausreichend weit durch das Gel gelaufen kann man dieses unter UV-Licht auswerten. Das UV-Licht regt den zugefügten Farbstoff an wodurch dieser aufleuchtet und die DNA als Bande im Gel sichtbar wird. Zeigt sich, dass in der PCR ausreichend DNA erhalten wurde, kann man die erhaltenen DNA-Fragmente sequenzieren.

2.2.3.4. Sequenzierung nach Sanger

Im Anschluss an die Gelelektrophorese folgt üblicherweise eine Aufreinigung der PCR-Produkte, bevor diese sequenziert werden. Da hier die ersten Proben auch ohne vorherige Aufreinigung gute Ergebnisse bei der Sequenzierung erzielten, wurde auf eine Aufreinigung verzichtet.

Zur Sequenzierung und Detektion wurden die Amplifikationsprodukte an die Firma GATC-Biotech geschickt. Dort wurde eine Sequenzierung nach Sanger *et al.* (1977) durchgeführt. Das sogenannte „Cycle-Sequencing" stellt die eigentliche Sequenzier-Reaktion dar. Dabei wird die zu sequenzierende DNA denaturiert, mit einem Primer hybridisiert und mit einer Polymerase verlängert. Im Gegensatz zur klassischen PCR wird hier nur ein Primer (forward oder reverse) eingesetzt. Für die Sequenzierung werden dem Reaktionsgemisch zusätzlich basenanaloge 2´,3´-Didesoxy-Nukleotide (ddATP, ddTTP, ddCTP, ddGTP), auch Abbruchbasen genannt, denen die Hydroxyl-Gruppe fehlt, die sonst an das folgende Nukleotid anknüpft. Diese sind mit unterschiedlichen Fluoreszenzfarbstoffen markiert. Der Strang bricht ab, wenn statt eines dNTPs ein solches Nukleotid in den neu synthetisierten DNA-Strang eingebaut wird. In einem ABI 3730xl Sequenziergerät werden die DNA-Fragmente mittels Kapillargelelektrophorese aufgetrennt, während gleichzeitig ein Laser die Fluoreszenzfarbstoffe der Didesoxynukleotide anregt. Die emittierten Lichtsignale können dann von einem Computer umgerechnet und graphisch dargestellt werden (Sanger *et al.* 1977; Mülhardt 2009).

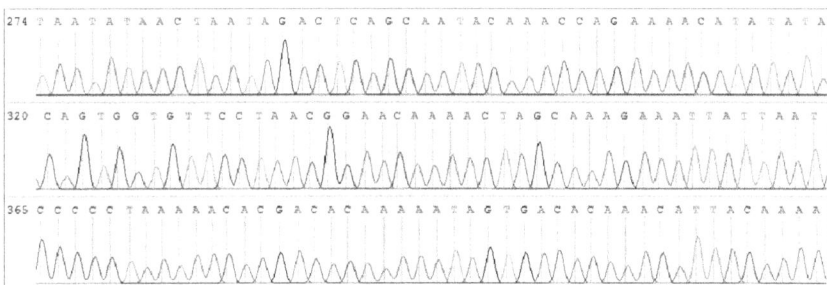

Abb.10: Beispiel eines Elektropherogramms

2.2.3.5. Vermeidung von Kontaminationen

PCR und nested-PCR ermöglichen die Vervielfältigung und den Nachweis von DNA, wobei es leicht zu Kontaminationen kommen kann. Solche Kontaminationen können zu falsch-positiven, oder falsch-negativen Ergebnissen führen, besonders bei der nested-PCR, die eine deutlich höhere Sensitivität aufweist, als eine einfache PCR. Zur Vermeidung von Kontaminationen wurden die einzelnen Schritte der PCR (DNA-Isolierung, Ansetzen des Reaktionsgemisches, PCR, Gelelektrophorese und Vorbereitung der Sequenzierung) in getrennten Räumen durchgeführt. Beim Ansetzten des Reaktionsgemisches wurden zusätzlich Filter-Pipettenspitzen eingesetzt und isolierte DNA und PCR-Produkte wurden räumlich voneinander getrennt aufbewahrt.

2.2.3.6. Nachbearbeitung der Ergebnisse und Auswertung

Die nach der Sequenzierung erhaltenen Elektropherogramme konnten mit der Software GENtle dargestellt und wenn nötig korrigiert werden. Eine Überprüfung der Sequenzen und eventuelle Korrektur ist nötig, da es teilweise zu Lesefehlern kommen kann, aber auch nicht alle Sequenzen zur Auswertung geeignet sind, da eine gute Bande in der Gelelektrophorese zwar eine ausreichende Menge DNA anzeigt, aber die Qualität der DNA trotzdem schlecht sein kann. Zeigt sich nach der Überprüfung, dass die Sequenzen in Ordnung sind, können diese weiterbearbeitet werden. Für die Auswertung wurden die Sequenzen der einzelnen mt Marker jeweils auf die gleiche Länge gebracht. Die so erhaltenen Sequenzdaten wurden mit dem Programm BLAST (Basic Local Alignment Search Tool) mit Daten aus der GenBank verglichen um herauszufinden, ob sie mit bereits bekannten Haplotypen übereinstimmen, oder bislang unbekannte Haplotypen aufweisen. Außerdem wurden mithilfe des Programmes TCS1.21 Haplotypen-Netzwerke erstellt, da bei der zu erwartenden geringen genetischen Diversität ein solches Netzwerk die genetische Diversität besser darstellen kann als ein Stammbaum.

2.2.4. Verwendete mitochondriale Marker

Die in der vorliegenden Arbeit verwendeten Marker nd1, cox1 und atp6 sind Bestandteil der mitochondrialen Atmungskette.

2.2.4.1. Amplifizierung der vollständigen Sequenz von atp6

Die Adenosintriphosphatase (kurz ATP-Synthase, oder ATPase) ist Teil des finalen Komplexes der mitochondrialen Atmungskette. Sie katalysiert die Synthese von ATP aus ADP und Phosphat. Der F_0- Komplex der ATPase besteht aus 20 Untereinheiten, wobei das Gen atp6 für die sechste kodiert.

Im Gegensatz zu nd1 und cox1 wurde hier das gesamte Gen atp6 (516 bp) amplifiziert.

Bei der ersten PCR kamen die folgenden von Marion Wassermann erstellten Primer (unveröffentlicht) zur Verwendung:

Atp 1st fw.:   5´-GTTGTCCGTTAAATTTCTTTTAGC-3´
Atp 1st rev.: 5´-GGAATAATTGCTAACCTACACAAC-3´

Die Größe des daraus resultierenden Amplifikats beträgt 806 bp.
Das Reaktionsgemisch hatte ein Gesamtvolumen von 50 µl und setzte sich jeweils aus den forward- und reverse-Primern, $MgCl_2$, Puffer, dNTP, Taq-Polymerase, template-DNA und H_2O zusammen (Konzentrationen und Mengen siehe Tab.5).

Tab.5: Verwendete Reagenzien für das Reaktionsgemisch der PCR für atp6

Reagenz	Konzentration	Menge je Probe
10x PCR-Puffer	10 mM Tris-HCL, 50 mM KCL	5 µl
MgCl₂	2,5 mM	5 µl
dNTPs	je 200 mM	1 µl
Primer (forward und reverse)	12,5 pmol	1,25 µl
Taq-Polymerase	1,25 Units	0,25 µl
template-DNA	nicht gemessen	0,5 µl
H₂O		Differenz zu 50 µl

Nach einer einleitenden Denaturierung von 94 °C für 5 Min. folgten 40 Zyklen aus einer Denaturierung (94 °C, 30 Sek.), dem Annealing (57 °C, 40 Sek.) und der Elongation (72 °C, 40 Sek.), worauf die abschließende Elongation (72 °C, 7 Min.) folgte.

Da die Sensitivität der 1. PCR oft nicht ausreichte, um genügend Amplifikationsprodukt zu bilden, wurde immer auch eine nested-PCR durchgeführt. Diese erfolgte hier mit Hilfe der Primer von Xiao et al. (2005), die sie zur Überprüfung der neu beschriebenen Art *Echinococcus shiquicus* verwendeten. Sie amplifizierten ein Fragment von 730 bp und hatten folgende Sequenz:

Atp6 fw. (5757): 5'-GCA TCA ATT TGA AGA GTT GGG GAT AAC-3'
Atp6 rev. (6487): 5'-CCAAATAATCTATCAACTACACAACAC-3'

Das Reaktionsgemisch entsprach dem der ersten PCR, bis auf die entsprechenden Primer. Bei dieser PCR gab es eine einleitende Denaturierung (94 °C, 5 Min.), gefolgt von 35 Zyklen aus Denaturierung (94 °C, 30 Sek.), Annealing (60 °C, 1 Min.) und Elongation (72 °C, 40 Sek.) und der finalen Elongation (72 °C, 7 Min.).

Nach der unter Punkt 2.2.3.4. beschriebenen Sequenzierung wurden alle erhaltenen Sequenzen auf eine Länge von 516 bp geschnitten. Somit konnte das vollständige Gen untersucht werden. Proben, welche z.b. aufgrund schlechter Qualität der Sequenz nicht auf dieselbe Länge gebracht werden konnten, wurden für die Auswertung nicht verwendet.

2.2.4.2. Partielle Amplifikation von nd1

Das Gen nd1 kodiert für die erste Untereinheit der NADH-Dehydrogenase, welche ein membranständiger Enzymkomplex des Mitochondriums ist. In der Atmungskette dient sie als Startpunkt und katalysiert die Oxidation von NADH zu NAD^+ und pumpt Protonen in den Intermembranraum, deren Gradient für die später folgende Synthese von ATP benötigt wird.

Die hier verwendeten Primer Nd1fw und Nd1rev für die erste PCR stammen aus der Veröffentlichung von Bowles & McManus (1993). Dort wurden sie als JB11 und JB12 bezeichnet und verwendet, um Arten und Unterarten von *Echinococcus* genetisch zu untersuchen.

Die Sequenzen der Primer lauten wie folgt:

Nd1fw. (JB11, 7594):   5'-AGA TTC GTA AGG GGC CTA ATA-3'

Nd1rev. (JB12, 8123):   5'-ACC ACT AAC TAA TTC ACT TTC-3'

Die Größe des resultierenden Amplifikats beträgt 530 bp.

Das Reaktionsgemisch wurde wie für atp6 beschrieben hergestellt, jedoch wurde hier eine Konzentration von 2 mM $MgCl_2$ verwendet, was einer Menge von 4 µl je Probe entspricht. Nach einer einleitenden Denaturierung von 4 Minuten bei 95 °C folgten 35 Zyklen aus einer Denaturierung von 30 Sek. bei 95 °C, Annealing von 30 Sek. bei 59 °C und der Elongation bei 72 °C für 1 Minute. Es folgte eine abschließende Elongation von 5 Minuten bei 72 °C.

Material und Methoden

Reagenz	Konzentration	Menge je Probe
10x PCR-Puffer	10 mM Tris-HCL, 50 mM KCL	5 µl
MgCl$_2$	2 mM	4 µl
dNTPs	je 200 mM	1 µl
Primer (forward und reverse)	12,5 pmol	1,25 µl
Taq-Polymerase	1,25 Units	0,25 µl
template-DNA	nicht gemessen	0,5 µl
H$_2$O		Differenz zu 50 µl

Die Primer für die nested-PCR wurden von Anke Dinkel erstellt (unveröffentlicht) und hatten folgende Sequenzen:

Nad1nest fw. (7659):   5'-AAG TT(AG)GT(AG)(AG)T(CT)AAG TTT AAG-3'

Nad1nest rev. (8094):   5'-ATC AAA TGG (AC)GT ACG ATT AGT-3'

Die erhaltene Fragmentlänge des Amplifikats beträgt 432 bp. Bis auf die Primer entspricht das Reaktionsgemisch dem der ersten PCR. Diesmal dauerte die einleitende Denaturierung 3 min. bei 94 °C, gefolgt von 40 Zyklen aus einer Denaturierung von 30 Sek. bei 94 °C, Annealing bei 52 °C für 1 Min. und Elongation für 40 Sek. bei 72 °C, gefolgt von der abschließenden Elongation bei 72 °C für 5 Minuten.

Zum Sequenzvergleich der untersuchten Isolate, wurden nach der Sequenzierung alle Sequenzen auf eine gemeinsame Länge von 273 bp gebracht. Waren Sequenzen nach der Bearbeitung zu kurz, so wurden diese in den Ergebnissen nicht berücksichtigt.

2.2.4.3. Partielle Amplifikation von cox1

Die Cytochrom-C-Oxidase (cox) gehört zum Enzymkomplex IV der mitochondrialen Atmungskette und oxidiert Cytochrom C und pumpt (wie NADH) auch Protonen in den Intermembranraum. Der gesamte Komplex besteht aus 13 Untereinheiten, wobei die Untereinheiten I bis III mitochondrial kodiert sind. Zu diesen gehört die erste Untereinheit (cox1), die hier als Markergen zum Einsatz kam.

Für die erste PCR stammen die Primer von Xiao *et al.* (2003), die dieses Gen und ein weiteres (cytb) untersuchten, um zu klären, ob ein undefiniertes Isolat aus der Leber eines Yaks *E. multilocularis* oder *E. granulosus* zuzuordnen ist. Die Primer hatten die Sequenz

Co1 fw. (9873):   5'-TTG AAT TTG CCA CGT TTG AAT GC-3'
Co1 rev. (10322):   5'-GAA CCT AAC GAC ATA ACA TAA TGA-3'

und amplifizierten ein Fragment von 875 bp.

Das Reaktionsgemisch setzte sich (bis auf die Primer) zusammen wie bei nd1 (siehe Tabelle 6).

Nach einer einleitenden Denaturierung von 4 Minuten bei 95 °C folgten 35 Zyklen aus einer Denaturierung von 30 Sek. bei 95 °C, Annealing von 1 Min. bei 55 °C und der Elongation bei 72 °C für 1 Minute. Es folgte eine abschließende Elongation von 5 Minuten bei 72 °C.

Die folgenden, für die nested-PCR verwendeten, Primer stammen aus der Diplomarbeit von Kohnke (2010, unveröffentlicht). Sie amplifizierte ein Fragment von 457 bp:

Cox2nest fw. (9464):   5' -GAATGCTTTGAGTGCGTGG-3'
Cox2nest rev. (9920):   5' -ACCAAATCCAGGCAGAATCA-3

Reaktionsgemisch wie oben beschrieben.

Bei der nested-PCR gab es eine einleitende Denaturierung von 4 Minuten bei 95 °C, gefolgt von 40 Zyklen aus einer Denaturierung von 30 Sek. bei 95 °C, dem Annealing von 1 Min. bei 54 °C und der Elongation bei 72 °C für 1 Minute. Es folgte eine abschließende Elongation von 5 Minuten bei 72 °C.

Auch hier wurden alle erhaltenen Sequenzen auf eine gemeinsame Länge gebracht, welche 360 bp betrug. Isolate, deren Sequenz zu kurz war, wurden nicht ausgewertet.

2.2.5. EmsB

Der hier verwendete Mikrosatelliten-Marker EmsB stammt aus den Veröffentlichungen von Bart et al. (2006), Knapp et al. (2007) und Knapp (2008), in denen ausführliche Daten und der Prozess seiner Erstbeschreibung zu finden sind.

Für die Proben des EchinoRisk-Projekts wurde die Untersuchung mit dem Mikrosatelliten EmsB von Fr. Knapp während ihrer Doktorarbeit durchgeführt, so dass für diese Isolate die Ergebnisse bereits vorlagen. Von den aus dem FG Parasitologie stammenden Isolaten wurde ein Teil während der vorliegenden Arbeit gemeinsam mit Fr. Knapp in Besançon untersucht und ausgewertet, ein weiterer Teil wurde später von Herrn Gérald Umhang in Nancy untersucht und die Daten anschließend nach Hohenheim geschickt.

2.2.5.1. Vorbereitung der Sequenzierung durch PCR

Mit der wie unter Punkt 2.2.2.1. beschrieben extrahierten Echinococcus multilocularis- DNA wurde eine klassische PCR mit EmsB-spezifischen Primern durchgeführt. Der forward-Primer war dabei fluoreszenzmarkiert. Die verwendeten Primer hatten folgende Sequenz:

EmsB A* 5´-GTGTGGATGAGTGTGCCATC-3´

EmsB C 5´-CCACCTTCCCTACTGCAATC-3´

(* = fluoreszenzmarkiert)

Das Reaktionsgemisch (Gesamtvolumen 30 µl) setzte sich zusammen aus je 200 µM dNTP, GeneAmp 1x Puffer (10 mM Tris-HCl, 50 mM KCl, 1,5 mM MgCl$_2$), 0,5 U AmpliTaq-Polymerase, je 0,4 µM fluoreszenzmarkiertem Primer EmsB A* (forward), reverse Primer EmsB C (nicht markiert) und 50 ng DNA.

Auf eine einleitende Denaturierung folgten 45 Zyklen aus Denaturierung bei 94 °C für 30 Sek., Annealing bei 60 °C für 30 Sek. und Elongation bei 72 °C für eine Minute. Anschließend folgte eine finale Elongation für 45 Min. bei 72 °C.

Die Größe der amplifizierten Fragmente liegt zwischen 209 und 247 bp. Sie setzen sich zusammen aus Wiederholungen von $(CA)_n(GA)_n$.

2.2.5.2. Sequenzierung

Wie unter Punkt 2.2.3.4. beschrieben so ist auch hier die Grundlage der Sequenzierung die Methode nach Sanger.
Für die folgende Sequenzierung wurden je 1 µl PCR-Produkt mit 40 µl Formamid und 0,5 µl eines Größenmarkers in ein Well einer 96er Probenplatte gegeben. Zusätzlich wurde 1 Tropfen Öl je Well dazu pipettiert, um eine Verdunstung zu verhindern.
Die Sequenzierung und Detektion fand in einem Beckman CEQ 8000 Genetic Analyser System statt. Dabei fließen die Proben durch ein Polyacrylamidgel, durch welches ein Laser geschickt wird. Dieser misst die Fluoreszenz des eingebauten markierten Primers und die Software Beckman Coulter Version 8.0 (2003) vergleicht diese mit dem im Reaktionsgemisch vorhandenen Größenmarker und stellt die Daten als Elektropherogramm dar.
Auch hier fand sowohl bei der PCR als auch bei der Sequenzierung eine räumliche Trennung der einzelnen Arbeitsschritte statt, wie unter 2.2.3.5. beschrieben.

2.2.5.3. Nachbearbeitung der Ergebnisse und Auswertung

Jedes Elektropherogramm zeichnet sich durch 6-15 Peaks von 209-247 bp aus, welche jeweils durch 2 Basen voneinander getrennt sind. Dabei entspricht die Höhe eines Peaks der Anzahl an Wiederholungen von EmsB an dieser Stelle im Genom.

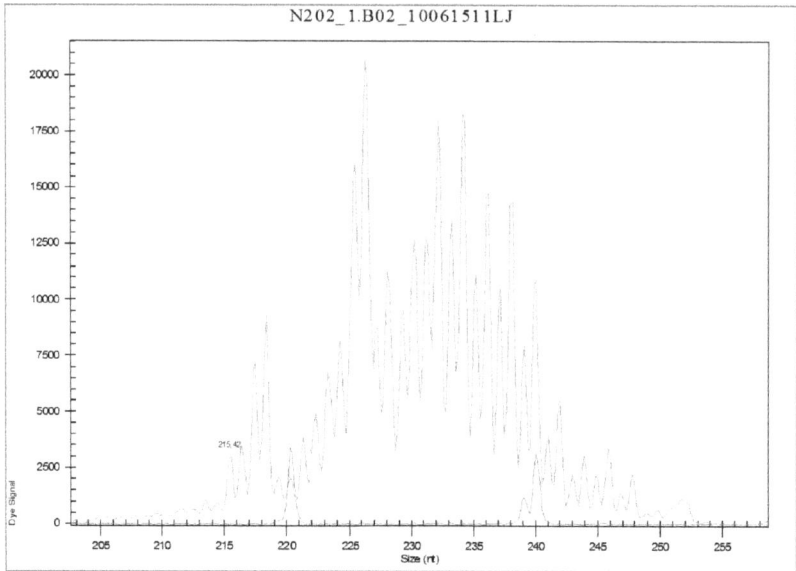

Abb.11: Beispiel für ein Elektropherogramm des Markers EmsB

Da die Intensität der Signale unabhängig von der eingesetzten DNA-Konzentration ist, müssen die Profile genormt werden. Dazu wird jeder Peak eines Profils durch die Summe aller Peaks eines Profils geteilt. Alle Peaks, die kleiner sind als 10% des höchsten Peaks im Profil werden als Artefakte betrachtet und aus der Analyse entfernt. Auch können Peaks verdoppelt sein, was ebenfalls ein Artefakt darstellt und bei der Analyse beachtet werden muss.

Ausgewertet werden dann das Vorhandensein bzw. die Abwesenheit, sowie die Höhe jedes Peaks. Diese bilden Cluster, wobei es Hauptcluster gibt, die für bestimmte Regionen spezifisch sind.

Material und Methoden

2.3. Verwendete Materialien und Chemikalien

Chemikalien	Hersteller
Agarose LE	Genaxxon bioscience GmbH
0,5 U AmpliTaq® DNA-Polymerase	Applied Biosystems, Thermo Fisher Scientific Inc.
DL-Dithiothreitol (BioUltra ≥99,0%)	Carl Roth GmbH & Co. KG
6x DNA Loading Dye	Thermo Fisher Scientific Inc.
DNeasy Blood & Tissue Kit	Qiagen GmbH
10 mM dNTP Mix	Fermentas GmbH
Ethanol Rotipuran® ≥99,8% p.a.	Carl Roth GmbH & Co. KG
Formamid	Riedel-de Haën AG
GeneAmp 1x Puffer	Applied Biosystems, Thermo Fisher Scientific Inc.
GelRed Nucleic Acid Stain, 10000x	Biotrend Chemikalien GmbH
Größenstandart Fast Ruler Low Range	Thermo Fisher Scientific Inc.
H_2O Dest	Millipore ELIX 20
Maxwell™ 16 Tissue DNA Purification Kit	Promega
$MgCl_2$ Solution 25 mM	Applied Biosystems, Thermo Fisher Scientific Inc.
Natriumhydroxid (0.02 N)	Merck KG
Oligonukleotide	biomers.net GmbH

10x PBS

80 g NaCl	AppliChem GmbH
14,7 g NaHPO$_4$	Merck KG
2,4 g KH$_2$PO$_4$	Merck KG
HCL	Merck KG

Mit H$_2$O-Dest auf 1 l aufgefüllt

10x PCR-Buffer II	Applied Biosystems,
	Thermo Fisher Scientific Inc.
Phenol-Chloroform-Isoamylalkohol (25:24:1)	Carl Roth GmbH & Co. KG
Proteinase K (Dr. Beckmann Fleckenteufel)	Dr. Beckmann KG

5x TBE-Puffer

107,8 g Tris Pure	Biomol GmbH
55,03 g Borsäure	AppliChem GmbH
43,84 g EDTA	AppliChem GmbH

Mit H$_2$O-Dest auf 2 l aufgefüllt

Verbrauchsmaterialien	Hersteller
Biosphere® Filter Tip	Sarstedt AG & Co.
Micro-Amp® PCR-Reaktionsgefäße	Applied Biosystems,
	Thermo Fisher Scientific Inc.
Pipetten	Eppendorf AG

Material und Methoden

15 ml und 50 ml Probenröhrchen	Corning® Inc.
1,5 ml und 2 ml Reaktionsgefäße	Eppendorf AG

Geräte	Hersteller
Beckman CEQ 8000 Genetic Analyser	Beckman Coulter Biomedical GmbH
Gelkammern	Bio-Rad Laboratories Inc.
Maxwell™16	Promega
Stereomikroskop	Carl Zeiss AG
ThermoCycler	Applied Biosystems, Thermo Fisher Scientific Inc.
UV-Fotodokumentationsgerät	Intas Science Imaging Instruments GmbH
Zentrifugen	Eppendorf AG

Software	Hersteller
Basic Local Alignment Search Tool (Blast)	blast.ncbi.nlm.nih.gov/Blast.cgi
Beckman Coulter Version 8.0 (2003)	Beckman Coulter Biomedical GmbH
GENtle	MagnusManske.de
TCS1.21	darwin.uvigo.es/software/ tcs.html

48

3. Ergebnisse

3.1. Ergebnisse der mitochondrialen Marker

Die Ergebnisse der beiden unter Punkt 2.1.1. vorgestellten Proben-Sets sind hier zusammengefasst dargestellt. Von den 674 Isolaten die zur Verfügung standen, konnten von 661 Ergebnisse erzielt werden. Die übrigen Proben enthielten teilweise zu wenig DNA für eine Bearbeitung mit allen Markern, oder aufgrund der schlechten Qualität der DNA wurden bei der PCR oder der Sequenzierung für keinen der 3 mt Marker Ergebnisse erhalten. Als Referenz-Sequenz wurde das vollständige mitochondriale Genom von *Echinococcus multilocularis* eingesetzt, welches unter der Accession-Nr. AB018440 veröffentlicht wurde (Nakao *et al.* 2002). Die dafür verwendete DNA stammt von Metacestodengewebe aus einer Rötelmaus aus Hokkaido, Japan.

Da die hier im Folgenden beschriebenen Haplotypen oft nur einen Basenunterschied im Vergleich zur Referenz aufwiesen wurde die PCR für ca. 80% der Isolate mit einem dominanten Haplotyp und für alle Proben mit einem der weiteren Haplotypen wiederholt, um alle Haplotypen eindeutig zu belegen.

3.1.1. atp6

Für atp6 konnte die vollständige Gensequenz von 516 bp amplifiziert werden, wobei von den 661 Isolaten insgesamt 636 (96,2%) ein verwertbares Ergebnis brachten. In diesen 636 Isolaten konnten 7 Haplotypen nachgewiesen werden, die A1-A7 genannt wurden.

49

Tab. 7: Basenaustausche der 7 hier nachgewiesenen mt Haplotypen von atp6 im Vergleich zur Referenz. Die Zahlen geben die Position im Gesamtgenom an. Blau markiert sind Abweichungen von der Referenz. CH = Schweiz, CZ = Tschechien, D = Deutschland, F = Frankreich, J = Japan, RO = Rumänien, SK = Slowakei

Position	5865	5911	5924	5928	6055	6122	6125	6150	6236	6244	6375	6380	n	Land	Übereinstimmung mit GenBank
Referenz	A	C	T	A	T	A	T	G	T	T	C	G	n	Land	Übereinstimmung mit GenBank
A1	.	T	G	.	.	G	.	.	.	.	.	.	12	CH	neu
A2	.	T	G	.	.	.	A	.	.	.	.	.	575	überall	JF708945 (RO), AB027556 (D).
A3	.	.	.	.	.	.	.	.	.	.	.	.	3	CH	Ref. (J), AB027552 (J), AB031282 (unbekannt)
A4	.	T	G	.	.	.	A	.	.	.	T	.	27	SK, CZ	neu
A5	.	T	G	G	.	.	A	.	.	.	.	.	4	F	neu
A6	.	T	G	.	C	.	A	A	.	.	.	.	6	D	neu
A7	.	T	G	.	.	.	A	.	G	G	.	.	5	D	neu

Bis auf A3 zeigen alle Haplotypen 2 identische Unterschiede im Vergleich zur verwendeten Referenz: An Position 5911 im Gen liegt Thymin statt Cytosin vor und an Position 5924 Guanin statt Thymin. Diese Basenaustausche bewirkten auch eine Änderung der Aminosäure (AS)-Sequenz: Zum einen wird Alanin durch Valin ersetzt und zum anderen Asparagin durch Lysin. Die zusätzlichen Basenaustausche der anderen Haplotypen bewirken teilweise ebenfalls eine Änderung der AS-Sequenz: Bei A4 liegt Histidin statt Tyrosin vor, A5 weist eine Änderung von Serin zu Glycin auf, bei A6 kommen Serin statt Phenylalanin und Isoleucin statt Valin vor und bei A7 Leucin statt Phenylalanin und Glycin statt Valin.

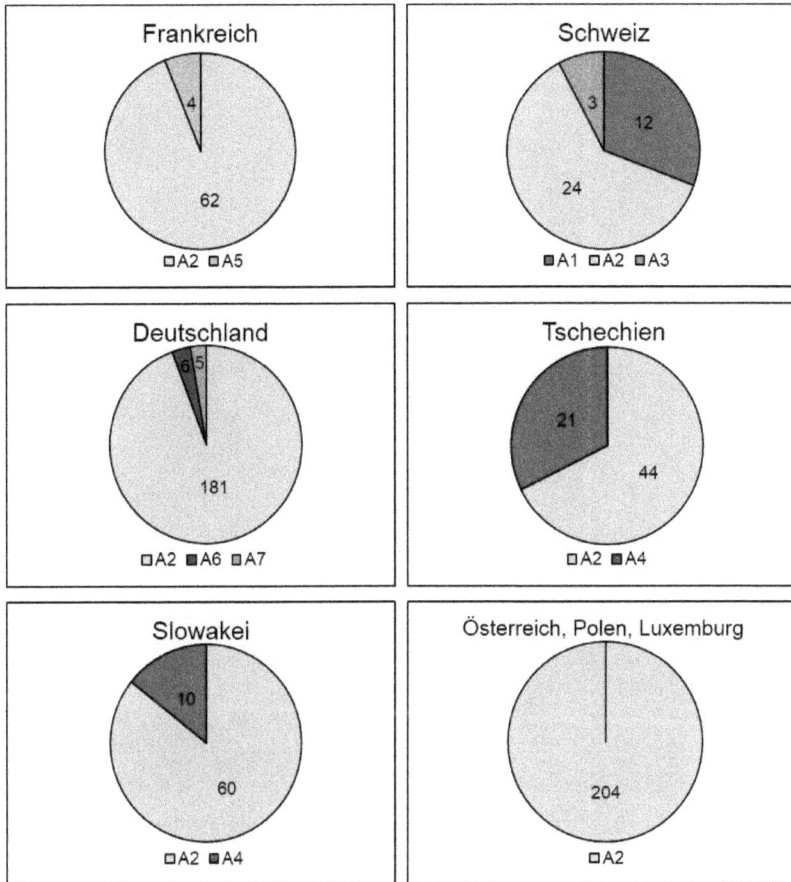

Abb.12: Verteilung der Ht für atp6 in den einzelnen Ländern. In Österreich, Polen und Luxemburg wurde ausschließlich Haplotyp A2 nachgewiesen wurde. Die Zahlen in den Diagrammen geben die Anzahl an Isolaten an, in denen der jeweilige Ht beschrieben wurde

Abbildung 12 zeigt die Verteilung der einzelnen Haplotypen in den untersuchten Ländern. In Österreich, Polen und Luxemburg wurde für atp6 ausschließlich Haplotyp A2 nachgewiesen, weshalb es für diese Länder kein Diagramm gibt. In der Slowakei, Tschechien und Frankreich finden sich jeweils 2 Haplotypen, während in der Schweiz und in Deutschland je 3 Haplotypen belegt werden konnten.

Ergebnisse

Anhand der erhaltenen Daten konnte ein Haplotypen-Netzwerk erstellt werden, welches in Abbildung 13 dargestellt ist.

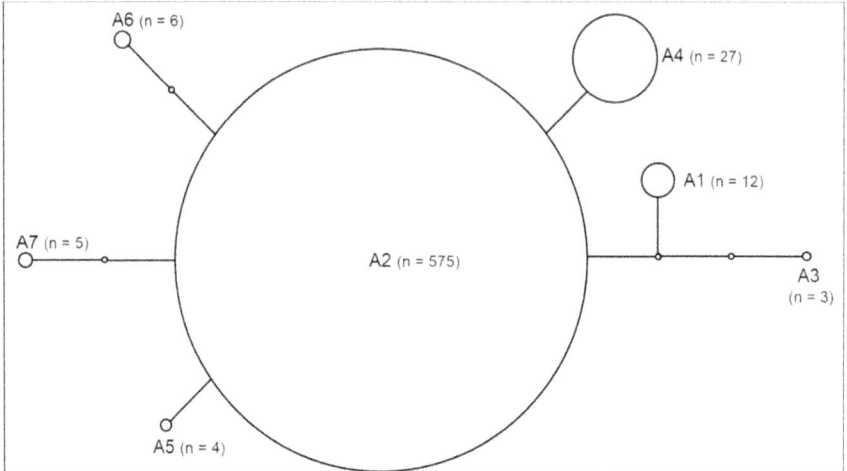

Abb.13: Netzwerk der für das Gen atp6 nachgewiesenen Haplotypen. Der Flächeninhalt der Kreise ist ungefähr proportional zur Anzahl der Isolate

Zusätzlich wurde ein Netzwerk erstellt, in welches Haplotypen einbezogen wurden, welche in der GenBank veröffentlicht sind. Nachdem diese Haplotypen an die hier vorgestellten Sequenzen angeglichen wurden, ergab sich ein weiterer Haplotyp. Dieser wurde hier A8 genannt und stammt aus Sichuan, China (Accession-Nr. AB027555).

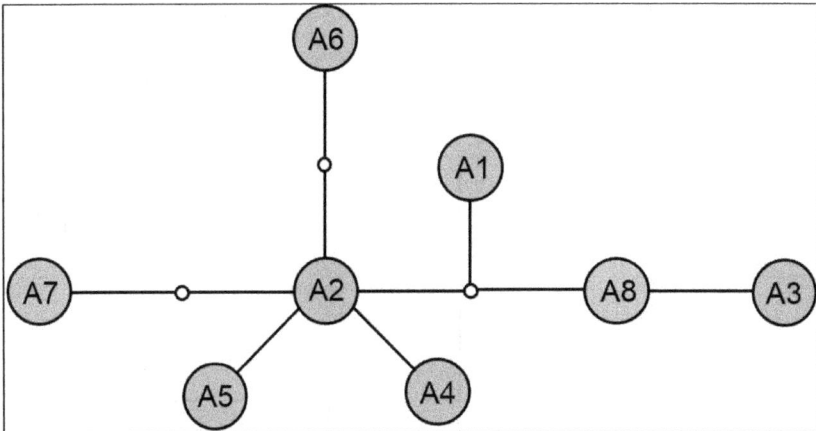

Abb.14: Haplotypen-Netzwerk aus Abbildung 13, erweitert um Ht A8 aus der GenBank. Blau: hier neu beschriebene Ht; rot: aus der GenBank ergänzter Ht; grün: hier beschriebene Ht, die mit Daten aus der GenBank übereinstimmen (siehe Tabelle 7)

3.1.2. nd1

Mit den hier verwendeten Primern wurde nach Bearbeitung der Sequenzen für nd1 ein Teilstück von 273 bp erhalten. 610 der 661 verwertbaren Isolate (92,1%) brachten für diesen Marker ein brauchbares Ergebnis. In den 610 Isolaten konnten insgesamt 4 Haplotypen nachgewiesen werden, welche N1-N4 benannt wurden.

Tab. 8: Basenaustausche der 4 hier nachgewiesenen mt Haplotypen von nd1 im Vergleich zur Referenz. Die Zahlen geben die Position im Gesamtgenom an. Blau markiert sind Abweichungen von der Referenz. CH = Schweiz, D = Deutschland, Lux = Luxemburg. Bekannt = Übereinstimmung mit Vielzahl von Acc.-Nummern

Position	7 6 9 2	7 7 2 1	7 7 2 5	7 8 4 8	7 9 1 5	7 9 9 0			
Referenz	C	C	T	T	C	A	n	Land	Übereinstimmung mit GenBank
N1	.	T	.	.	.	.	600	überall	bekannt
N2	.	.	.	.	.	.	4	CH	Referenz
N3	.	T	G	C	.	.	5	D	neu
N4	.	T	.	.	T	.	1	Lux	neu

Die Haplotypen N1, N3 und N4 wiesen dabei im Vergleich zur Referenz jeweils einen identischen Basenaustausch auf: An Position 7721 liegt Thymin statt Cytosin vor. Bei N1 und N2 ergab sich keine Änderung der AS-Sequenz. N3 wies eine Änderung von Phenylalanin zu Valin auf und bei N4 kam Phenylalanin statt Serin vor.

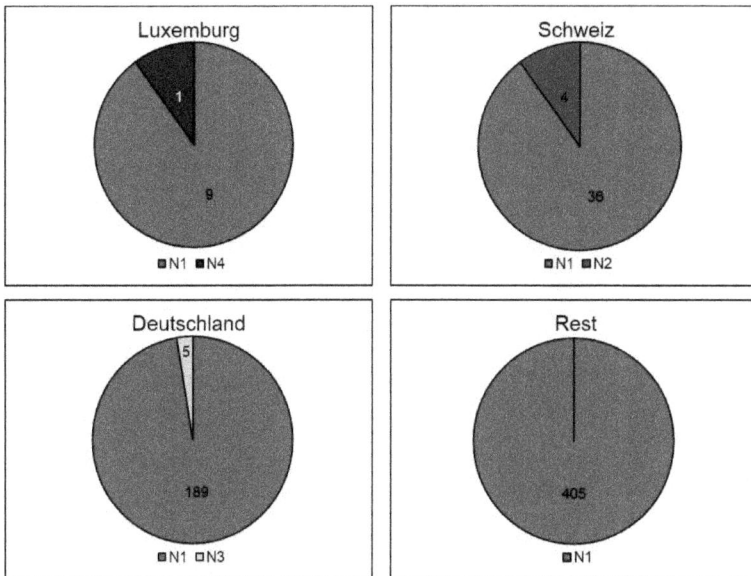

Abb.15: Verteilung der Ht für nd1. Ausschließlich in der Schweiz, Deutschland und Luxemburg konnten 2 Ht nachgewiesen werden, in allen anderen Ländern („Rest") fand sich nur der N1 genannte Ht. Die Zahlen in den Diagrammen geben die Anzahl an Isolaten an, in denen der jeweilige Ht beschrieben wurde

Haplotyp N1 ist in ganz Europa verbreitet und dominiert die anderen nachgewiesenen Haplotypen. Nur in Westeuropa konnten weitere Haplotypen belegt werden, in Osteuropa ist N1 der einzige hier nachgewiesene Haplotyp. Das hier verwendete kurze Fragment erwies sich für diesen Haplotyp als übereinstimmend mit einer Vielzahl von in der GenBank beschriebenen Daten, welche u.a. aus der Schweiz, Deutschland, Polen, Estland, Iran, Kanada und China stammten. Trotz der kurzen Sequenz stimmten dagegen Haplotyp N2 ausschließlich mit der Referenz-Sequenz überein, die beiden weiteren Haplotypen wurden in der vorliegenden Arbeit erstmals beschrieben und zeigten keine 100%ige Übereinstimmung mit Daten aus der GenBank.

Auch für nd1 wurden mit den erhaltenen Sequenzen Haplotypen-Netzwerke erstellt. Abbildung 16 zeigt das Netzwerk der in dieser Arbeit vorgestellten Haplotypen.

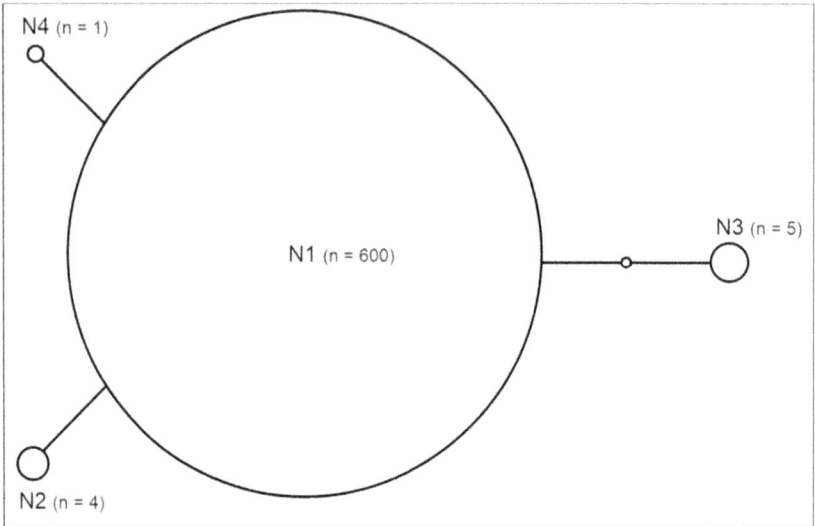

Abb.16: Haplotypen-Netzwerk aus den für nd1 nachgewiesenen Haplotypen. Der Flächeninhalt der Kreise ist ungefähr proportional zur Anzahl der Isolate

Wie schon für atp6 wurde auch hier in der GenBank nach weiteren Haplotypen geschaut und diese mit den eigenen Sequenzen auf eine Länge gebracht. Dabei ergaben sich 3 zusätzliche Haplotypen, hier N5-N7 genannt, welche alle aus Kanada stammen (N5 = Acc.-Nr. KC848462, N6 = Acc.-Nr. KF962556, N7 = Acc.-Nr. KF962557). Zusammen mit den aus dieser Arbeit stammenden Haplotypen ergab sich das in Abbildung 17 gezeigte Netzwerk.

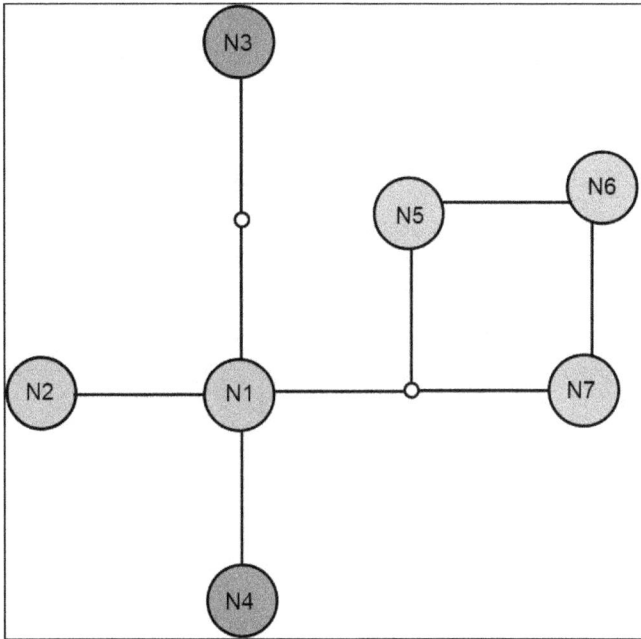

Abb.17: Netzwerk für nd1, erweitert um Haplotypen aus der GenBank. Blau: hier neu beschriebene Ht; rot: aus der GenBank ergänzte Ht; grün: hier beschriebene Ht, die mit Daten aus der GenBank übereinstimmen (siehe Tabelle 8)

3.1.3. cox1

Bei cox1 wurden die Sequenzen der Isolate nach PCR und Bearbeitung auf eine einheitliche Länge von 360 bp gebracht. Für diesen Marker waren 648 der 661 Isolate verwendbar (98%) und die Analyse der Ergebnisse des Fragments ergab 7 Haplotypen, welche die Bezeichnung C1-C7 erhielten.

Ergebnisse

Tab. 9: Basenaustausche der 7 hier nachgewiesenen mt Haplotypen von cox1 im Vergleich zur Referenz. Die Zahlen geben die Position im Gesamtgenom an. Blau markiert sind Abweichungen von der Referenz. AL = Alaska (St. Lawrence Island), CH = Schweiz, CZ = Tschechien, D = Deutschland, F = Frankreich, Lux = Luxemburg, Ö = Österreich, PL = Polen, SK = Slowakei. Bekannt = Übereinstimmung mit Vielzahl von Acc.-Nummern

Position	9476	9500	9528	9532	9691	9711	9725	9835	n	Land	Übereinstimmung mit GenBank
Referenz	T	A	G	C	A	A	A	G	n	Land	Übereinstimmung mit GenBank
C1	.	C	.	.	.	.	.	.	12	CH	AB461418 (AL)
C2	.	.	.	.	.	.	.	.	540	überall	bekannt
C3	.	.	.	.	.	G	.	.	12	CH	neu
C4	.	.	.	.	G	.	.	.	18	Ö, SK, CZ	neu
C5	.	.	T	.	.	.	.	.	44	PL, SK	neu
C6	.	.	.	T	.	.	.	.	10	D, F, Lux	AB461413 (F)
C7	.	.	.	.	.	.	G	.	6	D	neu

Im Vergleich zur bereits genannten Referenz wiesen die Haplotypen, mit Ausnahme von C2, jeweils einen Unterschied auf. Für C1, C2 und C7 ergaben sich keine Änderungen in der AS-Sequenz im Vergleich zur Referenz. Alle anderen Haplotypen zeigten je eine andere Aminosäure: bei C3 ist Isoleucin durch Valin ausgetauscht, bei C4 Asparagin gegen Serin, C5 zeigt eine Änderung von Glycin zu Cystein und bei C6 gibt es eine Änderung von Alanin zu Valin.

Haplotyp C2 stimmte mit einer Vielzahl von Daten aus der GenBank überein. Diese Sequenzen stammten ursprünglich aus China, der Mongolei, Kasachstan, der Slowakei, Japan, Russland und Nordamerika (ohne genauere Herkunftsangabe).

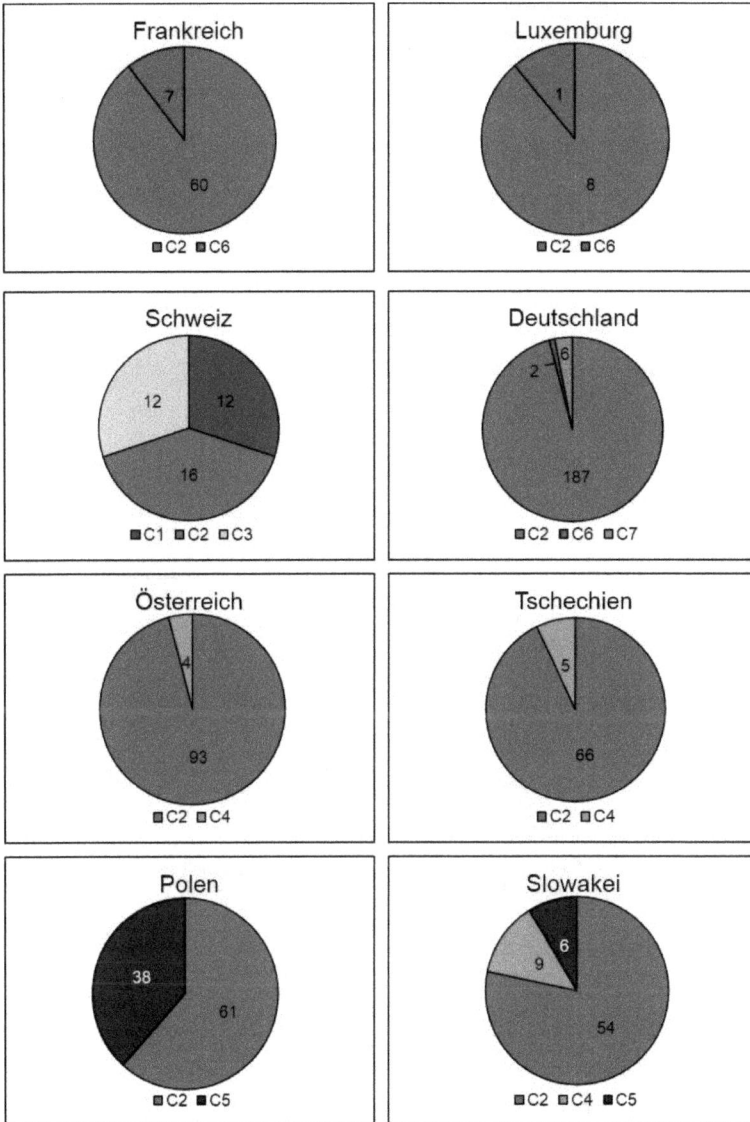

Abb.18: Verteilung der für cox1 nachgewiesenen Haplotypen in den einzelnen Ländern. Die Zahlen in den Diagrammen geben die Anzahl an Isolaten an, in denen der jeweilige Ht beschrieben wurde

In Abbildung 18 wird ersichtlich, dass für cox1 in allen Ländern mindestens 2 Ht nachgewiesen werden konnten. Für dieses Gen gibt es ebenfalls einen dominanten Ht, C2, der in jedem Land in der größten Anzahl an Isolaten vorkommt.

Wie schon bei atp6 und nd1 wurde auch hier ein Haplotypen-Netzwerk erstellt (siehe Abbildung 19).

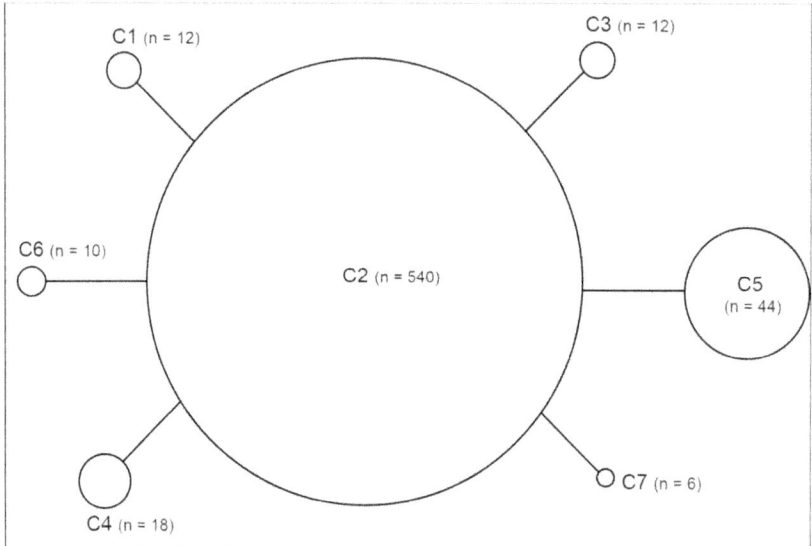

Abb.19: Netzwerk für das Genfragment von cox1. Der Flächeninhalt der Kreise ist ungefähr proportional zur Anzahl der Isolate

Für cox1 ergab die Recherche in der GenBank 9 weitere Haplotypen, welche hier als C8-C16 bezeichnet wurden. Diese wurden nachgewesen in Isolaten aus Österreich, China (innere Mongolei), Kanada, Mongolei, Russland, Südkorea und den USA (Minnesota) und haben die Accession-Nummern AB461412 (C8), AB461420 + AB777920 (C9), KC550004 (C10), KC550007 (C11), AB510023 + AB777921 + AB813188 (C12), AB510025 (C13), AB777918 (C14), AB780998 (C15) und AB353729 (C16). Daraus ergab sich folgendes Netzwerk:

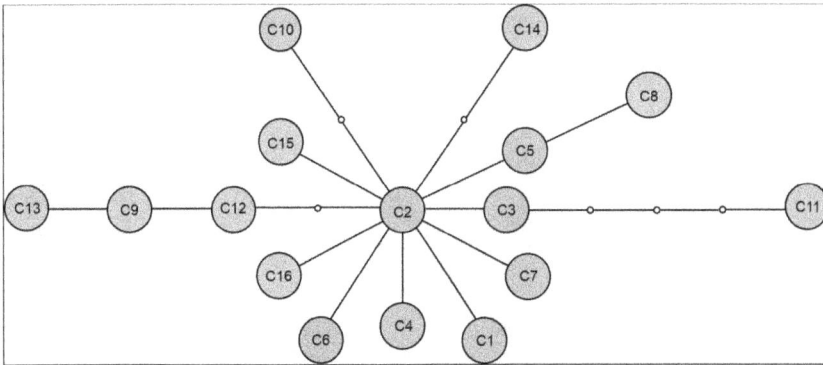

Abb.20: Haplotypen-Netzwerk für cox1, erweitert um 9 Haplotypen aus der GenBank. Blau: hier neu beschriebene Ht; rot: aus der GenBank ergänzte Ht; grün: hier beschriebene Ht, die mit Daten aus der GenBank übereinstimmen (siehe Tabelle 9)

Insgesamt zeigt sich, dass ein hoher Grad an Korrelation zwischen den drei untersuchten Genen vorhanden ist. Für jeden Marker wurde in den hier untersuchten Isolaten ein Haplotyp nachgewiesen, der in ganz Europa vorkommt und in jedem Land in den untersuchten Proben dominiert.

3.1.4. Konkatenierte Sequenzen

Die mit den verwendeten mitochondrialen Markern erhaltenen Sequenzfragmente wurden im Folgenden aneinandergehängt und es ergab sich so eine Sequenz mit einer Länge von 1149 bp. Da nicht für jeden der drei mitochondrialen Marker alle Proben ein Ergebnis brachten, konnte nur für 585 der 661 (88,5%) Isolate eine zusammengefügte Sequenz erstellt werden. Der Vergleich dieser Sequenzen ergab insgesamt 13 Haplotypen in den untersuchten Isolaten, welche Em1-Em13 genannt wurden. Im Vergleich mit der Referenz zeigten diese 4-9 abweichende Basen, bis auf Haplotyp Em3, der mit der Referenz-Sequenz identisch ist. Mit Ausnahme von Em3 zeigten alle Haplotypen für atp6 und nd1 1-2 identische Austausche, cox1 hingegen war am variabelsten.

Die Haplotypen Em1-Em3 konnten nur in Isolaten aus der Schweiz nachgewiesen werden, wobei Em1 und Em2 je 5 Unterschiede zur Referenz zeigen und Em3, wie erwähnt, keinen.

Em4 ist der am häufigsten zu findende Haplotyp. Dieser kommt in allen untersuchten Ländern und dort in den meisten Proben vor. Im Vergleich zur Referenz zeigt dieser 4 Unterschiede.

Em5-Em9 weisen jeweils 5 Abweichungen im Vergleich mit der Referenz auf. Dabei konnte Em5 in Isolaten aus Österreich, der Slowakei und Tschechien nachgewiesen werden, Em6 in Polen und der Slowakei und Em7 in der Slowakei und in Tschechien. Em8 wurde nur in Isolaten aus Frankreich belegt. Em9 konnte außer in Frankreich auch in Luxemburg nachgewiesen werden.

Em10 weist mit 9 Austauschen den größten Unterschied zur Referenz auf, Em11 5 und Em12 7. Alle drei fanden sich ausschließlich in Proben aus Deutschland.

Em13 schließlich konnte in Luxemburg nachgewiesen werden und weist 5 Abweichungen zur Referenz auf.

Einen Überblick über die Basenaustausche der einzelnen Haplotypen im Vergleich zur Referenz zeigt Tabelle 10.

Tab. 10: Basenaustausche der 13 hier nachgewiesenen mt Haplotypen im Vergleich zur Referenz. Die Zahlen geben die Position im Gesamtgenom an. Blau markiert sind Abweichungen von der Referenz. In Klammern hinter den Haplotypen ist angegeben, aus welchen Ht der einzelnen Markergene sich die Gesamt-Ht zusammensetzen

	atp6												nd1						cox1							
Position	5865	5911	5924	5928	6052	6122	6125	6150	6236	6244	6375	6380	7692	7721	7725	7848	7915	7990	9476	9500	9528	9532	9691	9711	9725	9835
Referenz	A	C	T	A	T	A	T	G	T	T	C	G	C	C	T	T	C	A	T	A	G	C	A	A	A	G
Em1 (A1+C1+N1)	·	T	G	·	·	G	·	·	·	·	·	·	·	T	·	·	·	·	·	C	·	·	·	·	·	·
Em2 (A2+C3+N1)	·	T	G	·	·	·	A	·	·	·	·	·	·	T	·	·	·	·	·	·	·	·	·	G	·	·
Em3 (A3+C2+N2)	·	·	·	·	·	·	·	·	·	·	·	·	·	·	·	·	·	·	·	·	·	·	·	·	·	·
Em4 (A2+C2+N1)	·	T	G	·	·	·	A	·	·	·	·	·	·	T	·	·	·	·	·	·	·	·	·	·	·	·
Em5 (A2+C4+N1)	·	T	G	·	·	·	A	·	·	·	·	·	·	T	·	·	·	·	·	·	·	·	·	G	·	·
Em6 (A2+C5+N1)	·	T	G	·	·	·	A	·	·	·	·	·	·	T	·	·	·	·	·	·	·	·	T	·	·	·
Em7 (A4+C2+N1)	·	T	G	·	·	·	A	·	·	·	T	·	·	T	·	·	·	·	·	·	·	·	T	·	·	·
Em8 (A5+C2+N1)	·	T	G	G	·	·	A	·	·	·	·	·	·	T	·	·	·	·	·	·	·	·	·	·	·	·
Em9 (A2+C6+N1)	·	T	G	·	·	·	A	·	·	·	·	·	·	T	·	·	·	·	·	·	·	·	T	·	·	·
Em10 (A6+C6+N3)	·	T	G	·	C	·	A	A	·	·	·	·	·	T	G	C	·	·	·	·	·	·	T	·	·	·
Em11 (A2+C7+N1)	·	T	G	·	·	·	A	·	·	·	·	·	·	T	·	·	·	·	·	·	·	·	·	·	G	·
Em12 (A7+C7+N1)	·	T	G	·	·	·	A	·	G	G	·	·	·	T	·	·	·	·	·	·	·	·	·	·	G	·
Em13 (A2+C2+N4)	·	T	G	·	·	·	A	·	·	·	·	·	·	T	·	·	T	·	·	·	·	·	·	·	·	·

Betrachtet man die Daten der einzelnen mt Marker, so zeigt sich, dass keiner der konkatenierten Haplotypen hier erstmals neu beschrieben wurde (siehe Tabelle 11).

Ergebnisse

Tab.11: Zusammensetzung und Herkunft der konkatenierten Ht. AL = Alaska (St. Lawrence Island), CI = China, D = Deutschland, ES = Estland, F = Frankreich, I = Iran, J = Japan, KA = Kanada, KS = Kasachstan, MO = Mongolei, NA = Nordamerika (ohne genauere Herkunftsangabe), RO = Rumänien, RU = Russland

konkatenierte Ht	Ht atp6	Herkunft atp6	Ht cox1	Herkunft cox1	Ht nd1	Herkunft nd1
Em1	A1	neu	C1	AL	N1	u.a. I, CH, KA, PL, D, CI, ES
Em2	A2	RO, D	C3	neu	N1	u.a. I, CH, KA, PL, D, CI, ES
Em3	A3	J, unbekannt	C2	RU, NA, CI, MO, KS, J	N2	J (Referenz)
Em4	A2	RO, D	C2	RU, NA, CI, MO, KS, J	N1	u.a. I, CH, KA, PL, D, CI, ES
Em5	A2	RO, D	C4	neu	N1	u.a. I, CH, KA, PL, D, CI, ES
Em6	A2	RO, D	C5	neu	N1	u.a. I, CH, KA, PL, D, CI, ES
Em7	A4	neu	C2	RU, NA, CI, MO, KS, J	N1	u.a. I, CH, KA, PL, D, CI, ES
Em8	A5	neu	C2	RU, NA, CI, MO, KS, J	N1	u.a. I, CH, KA, PL, D, CI, ES
Em9	A2	RO, D	C6	F	N1	u.a. I, CH, KA, PL, D, CI, ES
Em10	A6	neu	C6	F	N3	neu
Em11	A2	RO, D	C7	neu	N1	u.a. I, CH, KA, PL, D, CI, ES
Em12	A7	neu	C7	neu	N1	u.a. I, CH, KA, PL, D, CI, ES
Em13	A2	RO, D	C2	RU, NA, CI, MO, KS, J	N4	neu

Abbildung 21 zeigt eine Übersicht über die Verbreitung der nachgewiesenen Haplotypen in den hier untersuchten europäischen Ländern.

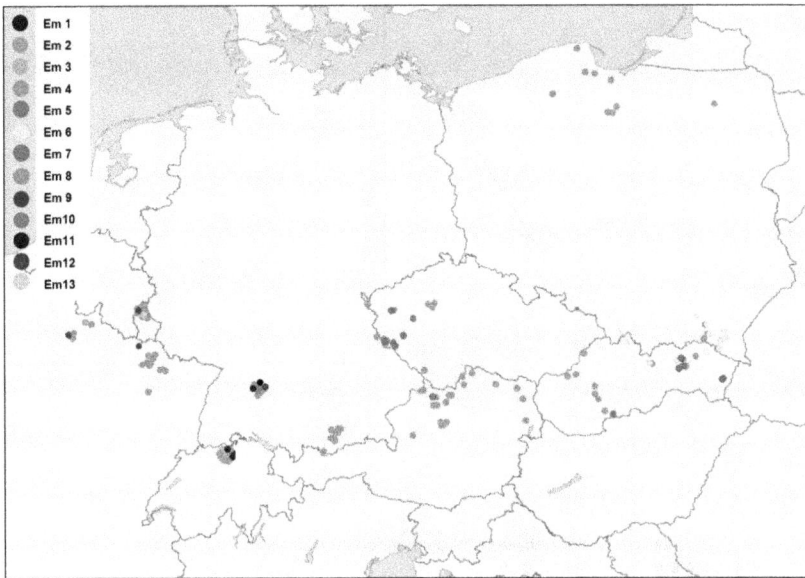

Abb.21: Übersicht über die geographische Verteilung der mt Haplotypen in Europa

Wegen der besseren Übersichtlichkeit zeigt Abbildung 22 im Detail die in der Schweiz vorkommenden Haplotypen.

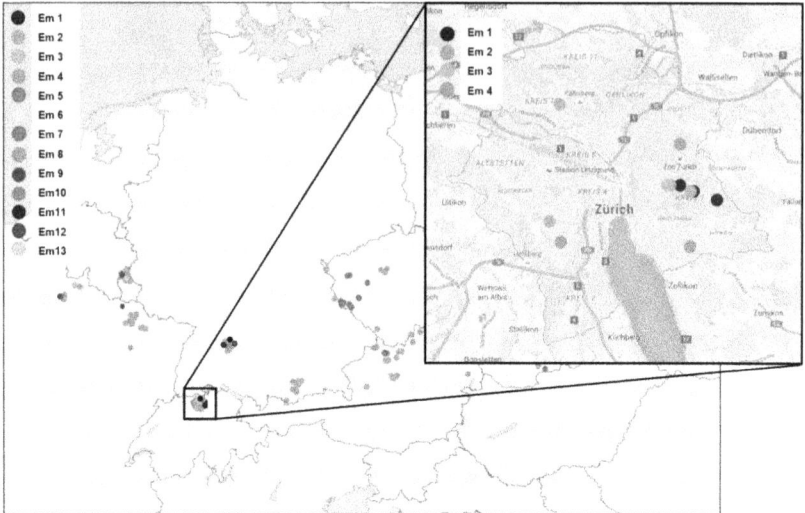

Abb.22: Detail der in der Schweiz vorkommenden mt Haplotypen. Alle Isolate stammen aus dem Raum Zürich

Die Häufigkeit, mit der die einzelnen Haplotypen in den untersuchten Isolaten nachgewiesen wurden, ist in Abbildung 23 dargestellt. Dabei ist erkennbar, dass Em4 klar dominiert. Die Haplotypen Em3 und Em8-Em13 konnten jeweils nur in 1-5 Isolaten belegt werden.

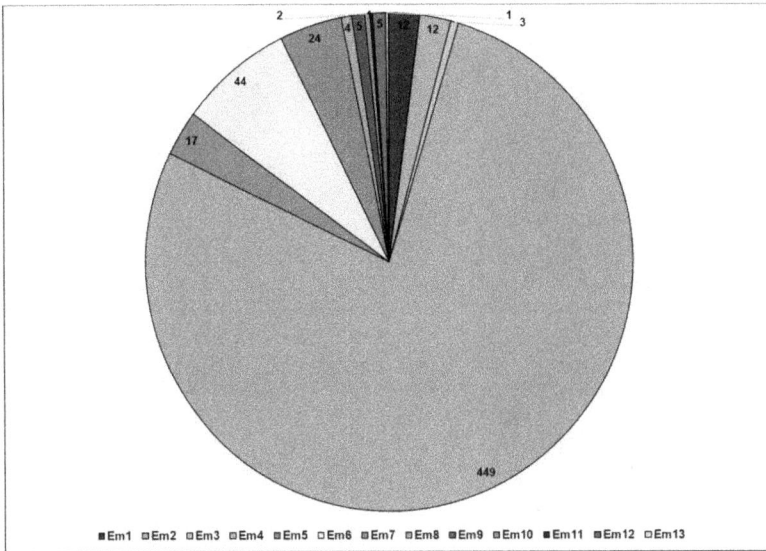

Abb.23: Häufigkeit der einzelnen Haplotypen in den untersuchten Isolaten. Die Zahlen geben an in wie vielen Isolaten der Haplotyp vorkam

In welcher Häufigkeit die Haplotypen in den einzelnen Ländern nachgewiesen wurden, ist in Abbildung 24 dargestellt. In der Schweiz, in Deutschland und in der Slowakei fanden sich jeweils 4 Ht, in Österreich und Polen jeweils 2 und in den anderen Ländern wurden je 3 Ht beschrieben. Vergleicht man die Ergebnisse der mitochondrialen Marker für die Isolate aus Luxemburg und Frankreich, so zeigt sich, dass für die konkatenierten Sequenzen in jedem Land drei Haplotypen nachgewiesen werden konnten: Em4, Em8 und Em9 in Frankreich, sowie Em4, Em9 und Em13 in Luxemburg. Zusätzlich zum am weitesten verbreiteten Haplotyp Em4 konnte somit in beiden Ländern je ein einzigartiger Haplotyp beschrieben werden. Außerdem kommt in beiden Ländern Haplotyp Em9 vor, welcher sonst in keinem weiteren Land belegt werden konnte.

Ergebnisse

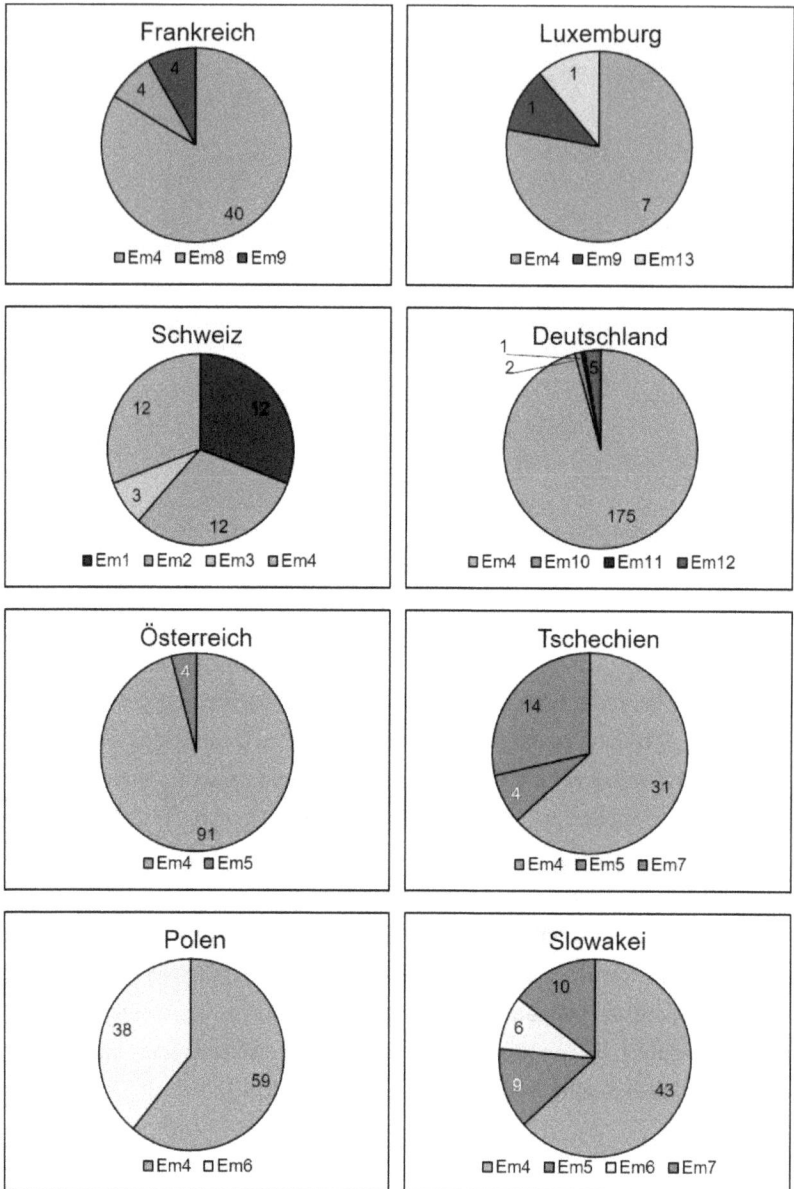

Abb.24: Übersicht über die Verbreitung der mitochondrialen Haplotypen und ihre Häufigkeit in den einzelnen Ländern

In Anlehnung an die Arbeit von Knapp *et al.* (2009) wurden auch hier Subregionen einzelner Länder genauer betrachtet. Die Daten für diese Regionen sind in Abbildung 25 gesondert dargestellt.

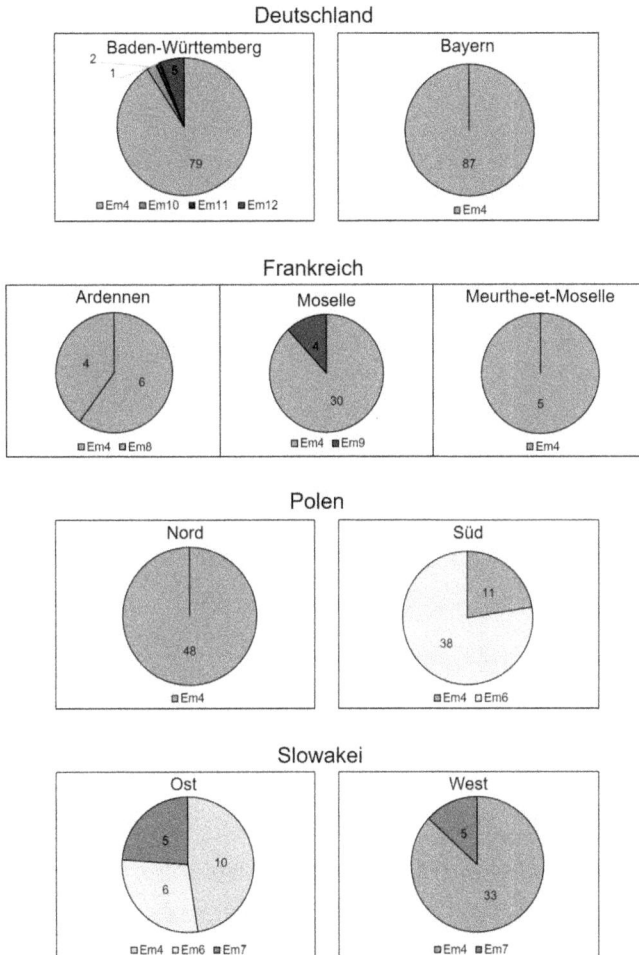

Abb.25: Übersicht über die Verbreitung der mitochondrialen Haplotypen und ihre Häufigkeit in den Subregionen, welche in einzelnen Ländern zusätzlich untersucht wurden

Für die zusammengefügten Sequenzen konnte ebenfalls ein Haplotypen-Netzwerk erstellt werden (siehe Abbildung 26).

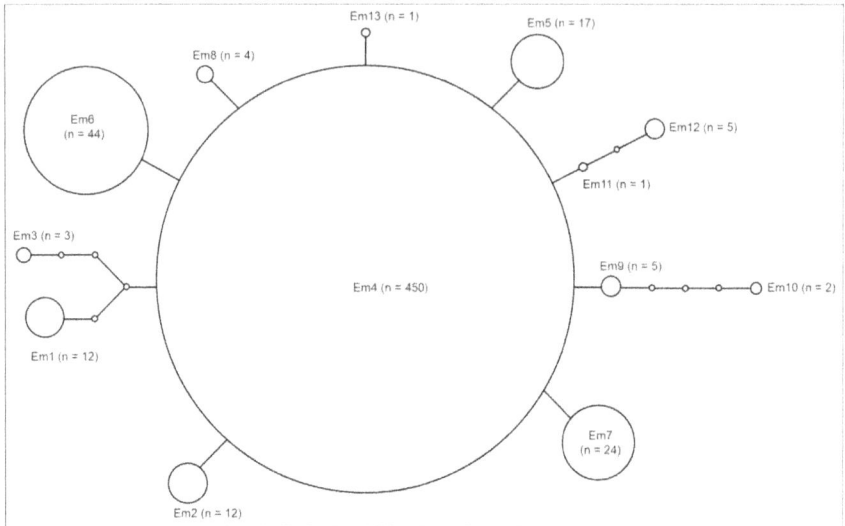

Em13 (n = 1)
Em5 (n = 17)
Em8 (n = 4)
Em6 (n = 44)
Em12 (n = 5)
Em11 (n = 1)
Em3 (n = 3)
Em9 (n = 5)
Em4 (n = 450)
Em10 (n = 2)
Em1 (n = 12)
Em7 (n = 24)
Em2 (n = 12)

Abb.26: Netzwerk für die zusammengefügten Sequenzen. Die Größe der Kreise soll die Häufigkeit der Haplotypen in den Isolaten veranschaulichen

3.2. Ergebnisse des Mikrosatelliten-Markers EmsB

Für den Mikrosatelliten-Marker EmsB waren für 555 der 661 mit mt Markern untersuchten Isolate Daten vorhanden. Dabei standen nur für rund 30% der französischen Isolate aus dem EchinoRisk-Projekt Ergebnisse für EmsB zur Verfügung und für die Isolate aus Luxemburg konnten mit dem Mikrosatelliten-Marker keine Resultate erzielt werden, da trotz des geringen Alters der Proben die DNA unbrauchbar geworden war.

Die von Umhang et al. (2014) beschriebenen Profile P1-P8 umfassen teilweise Mikrovarianten, die von Knapp et al. (2009) als einzelne Profile beschrieben worden waren. Um die Resultate der von Herrn Umhang bearbeiteten Isolate mit denen des EchinoRisk-Projektes vergleichen zu können, erhielten identische EmsB-Profile hier dieselbe Bezeichnung. Daher wurden diese hier umbenannt, da eine genaue Entsprechung nicht gegeben war. Die (neuen) Bezeichnungen für die EmsB-Profile sind in Tabelle 12 zu finden.

Tab.12: Bezeichnung der EmsB-Profile von Umhang *et al.* (2014), ihre Entsprechung mit den Daten von Knapp *et al.* (2009) und ihre Bezeichnung in der vorliegenden Arbeit

Bezeichnung nach Umhang *et al.* (2014)	Entspricht Knapp *et al.* (2009)	Bezeichnung hier
P1	/	G35
P2	G27	G27
P3	G04, G05, G07	G37
P4	G04, G05	G38
P5	G07	G07
P6	/	G36
P7	G20, G21	G39
P8	G19	G19

Insgesamt wurden in den hier analysierten Proben 33 Profile (G01-G08, G10-G12, G14, G15, G17, G19-G30, und G33-G39) nachgewiesen. Die Profile G01-G08, G10-G12, G15, G17, G19-G30 und G33-34 entstammen den von Fr. Knapp erhaltenen Daten, die Profile G35 und G36 wurden erstmals in den Isolaten des FG Parasitologie beschrieben und die Profile G37-G39 waren zwar vorher bereits beschrieben worden, wurden hier jedoch umbenannt (siehe Tabelle 12). Die Mikrosatelliten-Profile unterscheiden sich anhand des Peak-Musters im Elektropherogramm. Wie diese Mikrosatelliten-Profile in den untersuchten europäischen Ländern verteilt sind zeigt Abbildung 27.

Ergebnisse

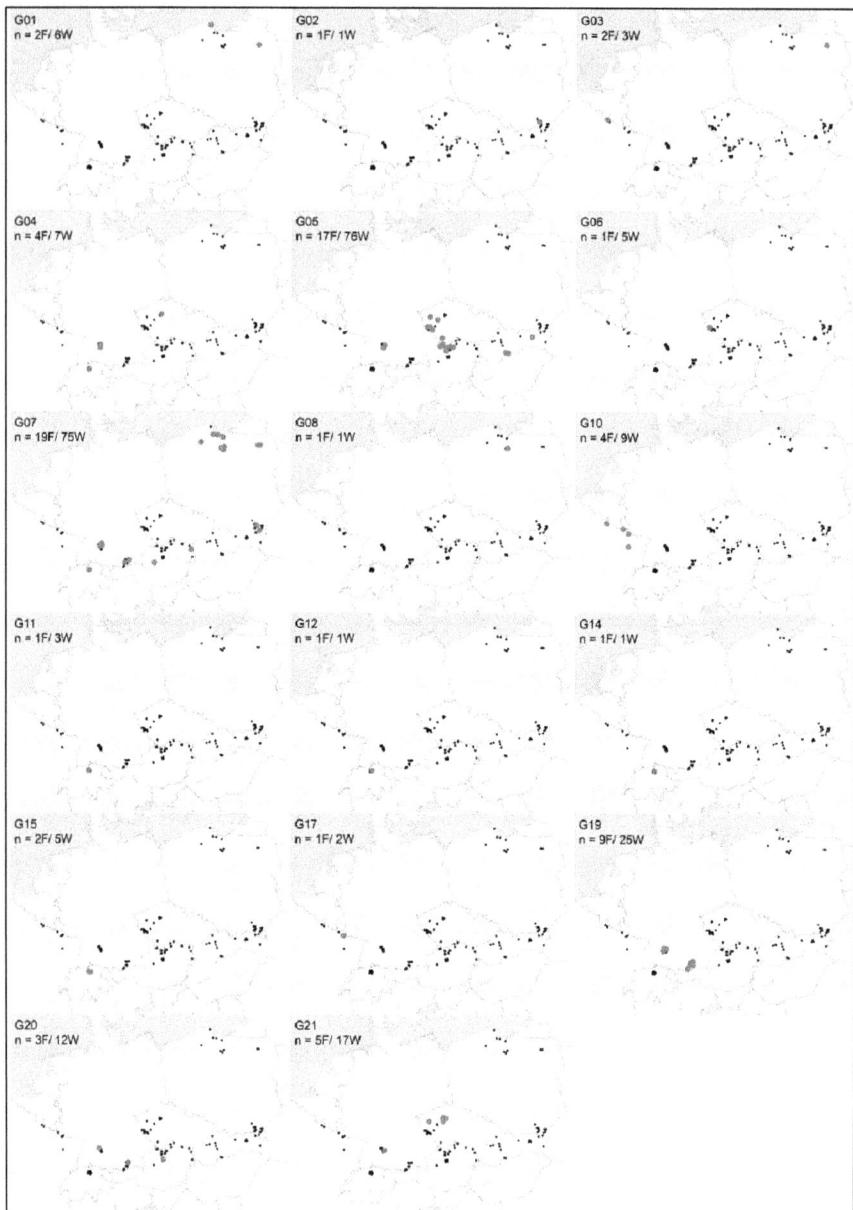

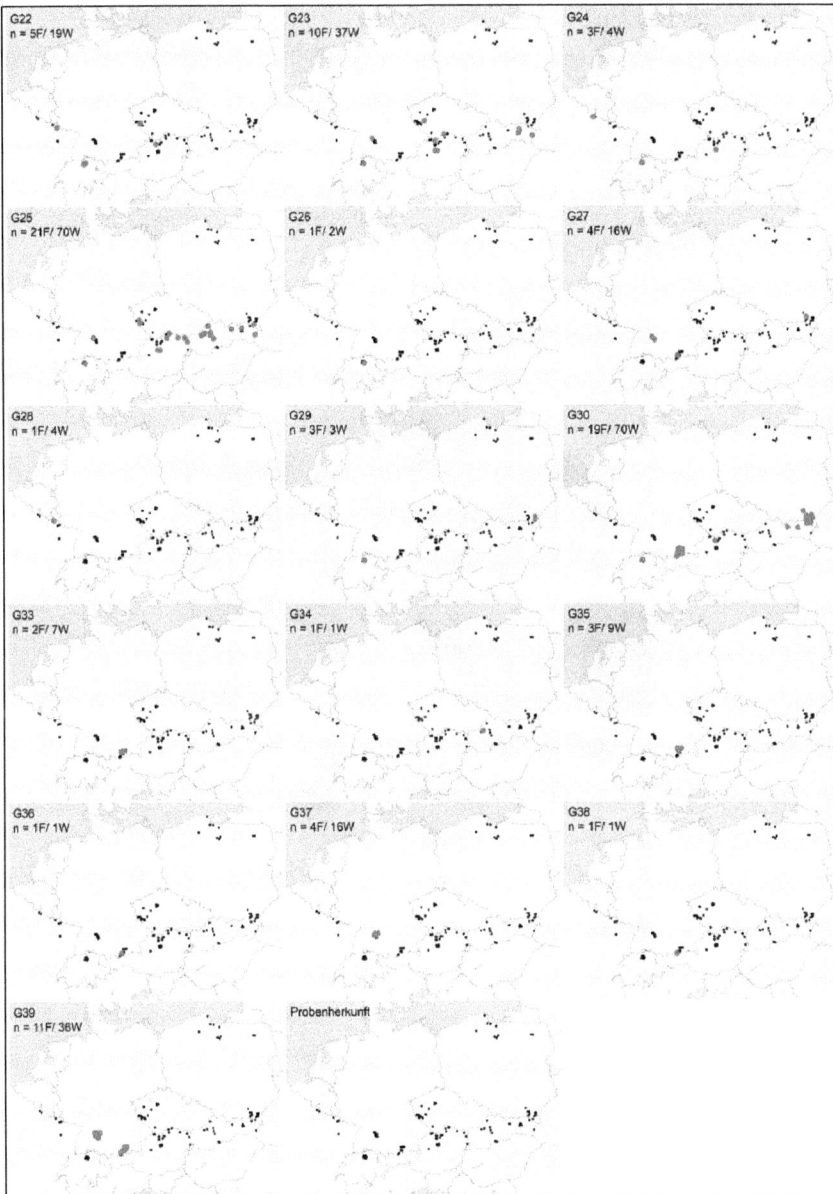

Abb.27: Verteilung der nachgewiesenen EmsB-Profile in Europa. Schwarze Punkte zeigen die Herkunft der Proben, rote Punkte das Vorkommen der jeweiligen Profile (F = Fuchs, W = Wurm)

Betrachtet man das Vorkommen bzw. die Häufigkeit, mit der einzelne Mikrosatelliten-Profile in den jeweiligen Ländern vorkommen, so zeigt sich, dass im Gegensatz zu den mitochondrialen Haplotypen nicht ein Profil am häufigsten auftritt, sondern 4 Profile (G05, G07, G25, G30) häufiger vorkommen als alle anderen (siehe Abbildung 28). G25 ist mit einem Auftreten in 79 Isolaten das häufigste Profil, gefolgt von G05 in 76 Isolaten, G07 in 75 Isolaten und G30 in 71 Isolaten. Alle weiteren Profile konnten in weniger als 40 Proben nachgewiesen werden.

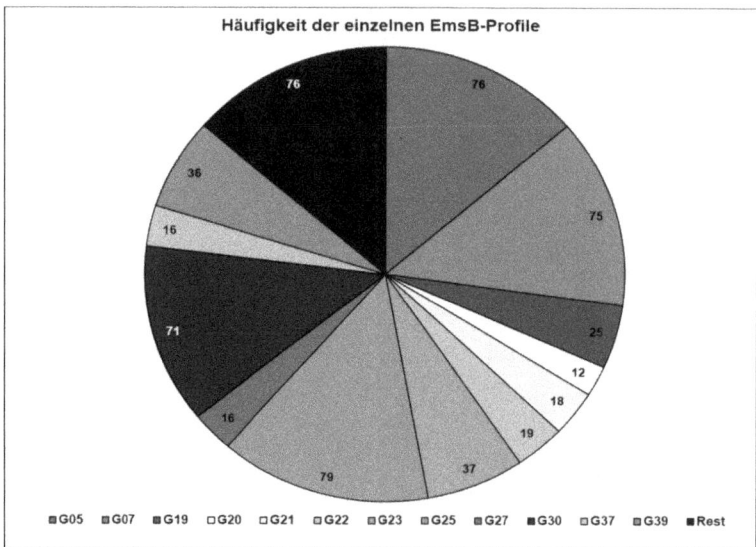

Abb.28: Häufigkeit der nachgewiesenen EmsB-Profile in den untersuchten Isolaten.
Rest = in weniger als 10 Isolaten

Auch gibt es hier kaum Profile, die nur in einem Land vorkommen, sondern die Verteilung ist sehr unregelmäßig. In einigen Ländern kommen mehrere Profile nur in einigen wenigen Isolaten vor. Wie sich die Profile auf die Proben der einzelnen Länder verteilen ist in Abbildung 29 dargestellt.

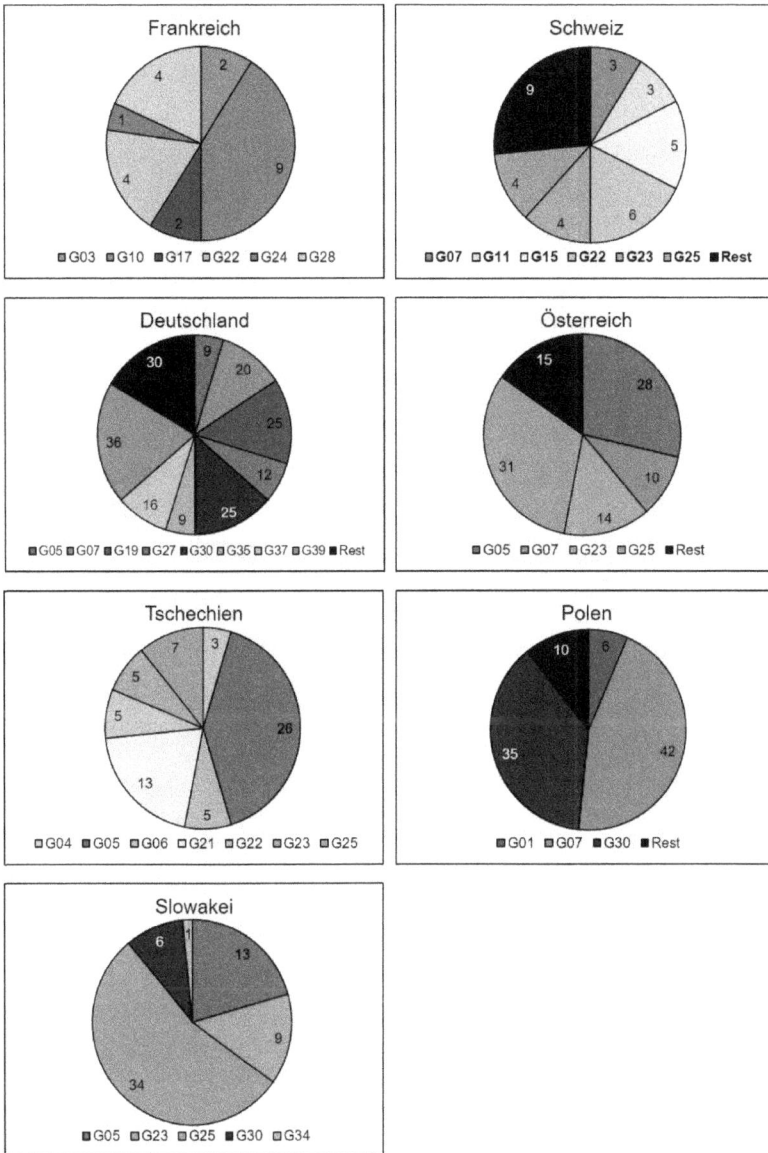

Abb.29: Vorkommen/ Häufigkeit der EmsB-Profile in den einzelnen Ländern. Als „Rest" sind Profile zusammengefasst, die in nur wenigen Isolaten nachgewiesen wurden

3.3. Vergleich der Ergebnisse der verwendeten Markersysteme

Um die beiden hier verwendeten Markersysteme miteinander vergleichen zu können, wurden nur die Proben berücksichtigt, die sowohl für die mitochondrialen Marker als auch EmsB ein Ergebnis brachten. Ein direkter Vergleich zwischen den zusammengefügten Sequenzen und EmsB war somit für 507 Isolate möglich.

Insgesamt konnten 13 mitochondriale Haplotypen und 33 EmsB-Profile nachgewiesen werden. Es fand sich ein mitochondrialer Haplotyp in jedem Land und der größten Zahl an Isolaten. Für EmsB zeigten sich 4 Profile in der größten Zahl an Proben, welche ebenfalls in den meisten Ländern vorkamen.

Insgesamt gab es keine eindeutige Korrelation zwischen mt Haplotypen und EmsB-Profilen. Allerdings gab es häufigere Übereinstimmungen zwischen dem dominanten mitochondrialen Haplotyp, der in 80% der Isolate nachgewiesen wurde, und einzelnen EmsB-Profilen und es treten zwischen den weiteren Haplotypen und Profilen einzelne Kombinationen geringfügig häufiger auf als andere.

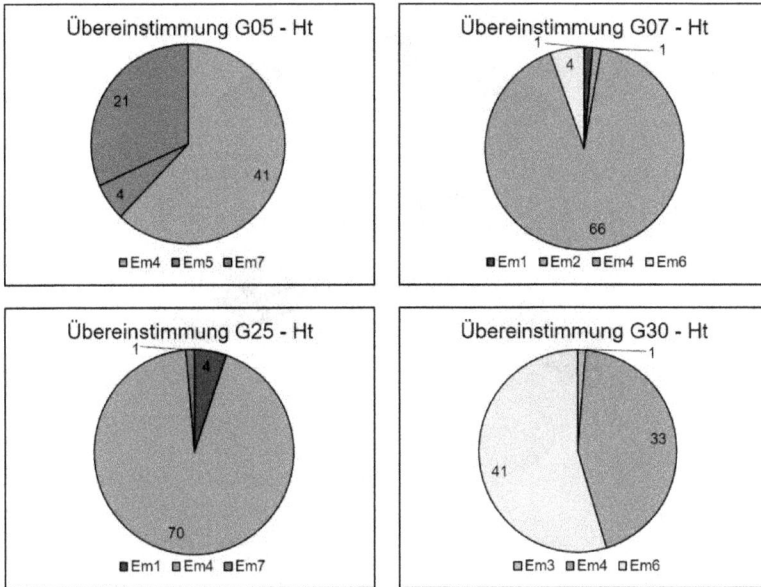

Abb.30: Die vier häufigsten EmsB-Profile und deren Korrelation mit einzelnen mt Haplotypen

Abbildung 30 zeigt die vier am häufigsten vorkommenden EmsB-Profile und deren Korrelation mit einzelnen mitochondrialen Haplotypen. Hierbei kommt es zu einer etwas häufigeren Übereinstimmung zwischen Profil G05 und Haplotyp Em7, so wie Profil G30 und Haplotyp Em6.

Nimmt man umgekehrt den am häufigsten vorkommenden mitochondrialen Haplotyp Em4 und schaut, inwiefern dieser mit einzelnen EmsB-Profilen übereinstimmt, so zeigt sich, dass dieser, wie oben beschrieben, mit einer größeren Anzahl von EmsB-Profile korreliert (siehe Abbildung 31).

Ergebnisse

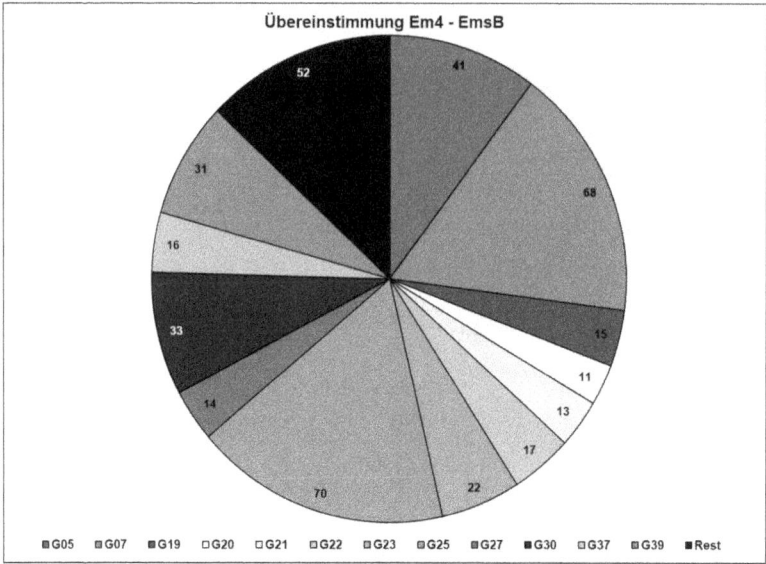

Abb.31: Übereinstimmung des dominanten Ht Em4 mit einzelnen EmsB-Profilen

Das Verhältnis der anderen mitochondrialen Haplotypen zu den EmsB-Profilen ist in Abbildung 32 dargestellt:

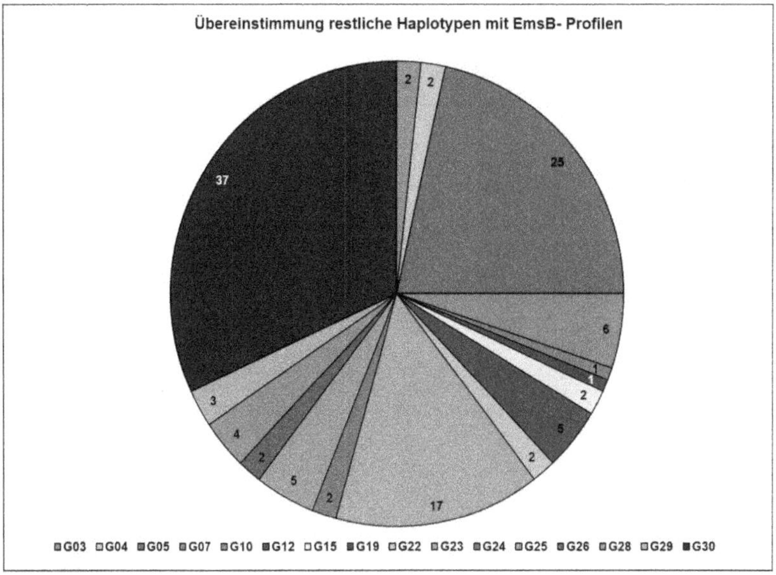

Abb.32: Übereinstimmung der weiteren mt Haplotypen (zusammengefasst) mit einzelnen EmsB-Profilen

3.4. Genetische Diversität in Europa

3.4.1. Allgemeine Darstellung

Anhand der oben vorgestellten Ergebnisse kann nun geschaut werden, wie die genetische Diversität von *Echinococcus multilocularis* in Europa verteilt ist. Dazu wurden die untersuchten Länder in Fokusse und Subregionen unterteilt, angelehnt an Knapp *et al.* (2009), jedoch hier leicht verändert.

Danach gibt es 3 Fokusse: (1) Das Zentrum, welches sich aus der Schweiz, dem Süden Deutschlands und Österreich zusammensetzt, (2) den Westen aus Frankreich sowie Luxemburg bestehend und (3) den Osten mit Tschechien, Polen und der Slowakei.

Ergebnisse

Für die mitochondrialen Marker wurde die größte Anzahl Haplotypen (insges. 8) im Zentrum nachgewiesen. In den beiden anderen Fokussen wurde mit 4 Haplotypen jeweils die gleiche Anzahl belegt. Zu beachten ist, dass für den zentralen Fokus auch die größte Zahl an Isolaten (n = 308) zur Verfügung stand, gefolgt von der östlichen (n = 214) und westlichen (n = 58) Peripherie.

Auf die Subregionen bezogen fanden sich mit je 4 Haplotypen die größte Anzahl in Zürich, Baden-Württemberg und der östlichen Slowakei, gefolgt von Luxemburg und dem westlichen Tschechien mit jeweils 3 Haplotypen.

Eine Übersicht, in welchem Fokus, Land und welcher Subregion welche und wie viele Haplotypen nachgewiesen werden konnten, gibt Tabelle 13.

Tab. 13: Übersicht über das Vorkommen und die Häufigkeit der mitochondrialen Haplotypen in den Subregionen. Ard = Dép. Ardennes, BW = Baden-Württemberg,

| Haplotyp | Zentrum | | | | Westen | | | | Osten | | | | | in X Proben | in X Regionen |
| | Schweiz | Deutschland | | Österreich | Frankreich | | | Luxemburg | Tschechien | Polen | | Slowakei | | | |
	Zürich	BW	BY	Nord	Ard	Mos	M.e.M.	Nord	West	Nord	Süd	Ost	West		
Em1	12	0	0	0	0	0	0	0	0	0	0	0	0	12	1
Em2	12	0	0	0	0	0	0	0	0	0	0	0	0	12	1
Em3	3	0	0	0	0	0	0	0	0	0	0	0	0	3	1
Em4	12	79	87	91	6	30	5	7	31	48	11	10	33	446	13
Em5	0	0	0	4	0	0	0	0	4	0	0	9	0	17	3
Em6	0	0	0	0	0	0	0	0	0	0	38	6	0	44	2
Em7	0	0	0	0	0	0	0	0	14	0	0	5	5	24	3
Em8	0	0	0	0	4	0	0	0	0	0	0	0	0	4	1
Em9	0	0	0	0	0	4	0	1	0	0	0	0	0	5	2
Em10	0	2	0	0	0	0	0	0	0	0	0	0	0	2	1
Em11	0	1	0	0	0	0	0	0	0	0	0	0	0	1	1
Em12	0	5	0	0	0	0	0	0	0	0	0	0	0	5	1
Em13	0	0	0	0	0	0	0	1	0	0	0	0	0	1	1
Anz. Proben	39	87	87	95	10	34	5	9	49	48	49	30	38	576	
Gesamtzahl Haplotypen	4	4	1	2	2	2	1	3	3	1	2	4	2		

Ergebnisse

Als Diagramm dargestellt (Abbildung 33) zeigen diese Ergebnisse, dass es auf mitochondrialer Ebene keine gleichmäßige Verteilung der hier nachgewiesenen Haplotypen in Europa gibt.

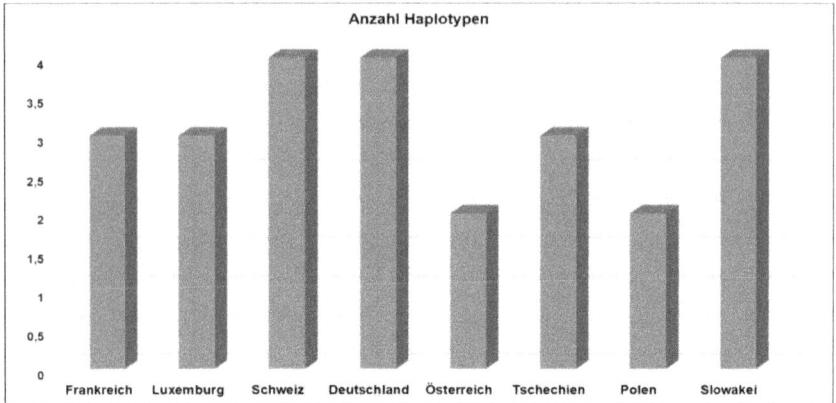

Abb.33: Übersicht über Vorkommen und Häufigkeit der in den Subregionen belegten Haplotypen

Vergleicht man dies mit der Anzahl der je Subregion untersuchten Proben ergibt sich folgendes Bild:

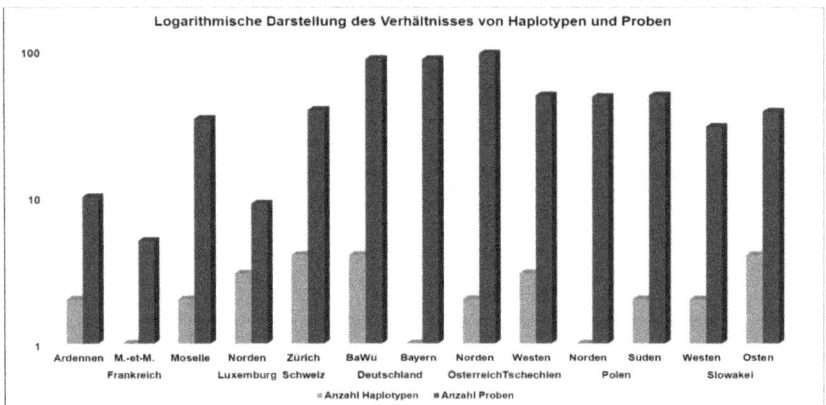

Abb.34: Verteilung der einzelnen Haplotypen im Vergleich zur Anzahl untersuchter Isolate je Subregion

Die Ergebnisse des Mikrosatelliten-Markers EmsB zeigen auf der Fokus-Ebene ein ähnliches Bild. Im zentralen Fokus wurden 24 Profile nachgewiesen, gefolgt vom Osten mit 16 Profilen und dem Westen mit 6 Profilen. Auch hier ist die Anzahl der Isolate jedoch unterschiedlich hoch, mit 314 untersuchten Proben im zentralen Fokus, 219 im Osten und 22 im Westen.

Betrachtet man die Subregionen zeigt sich noch deutlicher, dass ausgehend nach Osten und Westen die Zahl der Profile abnimmt. Hier wurden in der Schweiz 13 Profile beschrieben, gefolgt von Baden-Württemberg mit 11 Profilen und Bayern mit 10 Profilen, während sich im Osten und Westen je Subregion nur 7 oder weniger Profile fanden.

Tab. 14: Übersicht über das Vorkommen und die Häufigkeit der EmsB-Profile in den Subregionen. Ard = Dép. Ardennes, BW = Baden-Württemberg, BY = Bayern, M.e.M. = Dép. Meurthe-et-Moselle, Mos = Dép. Moselle

| | Zentrum | | | | Westen | | | Osten | | | | | | |
| | Schweiz | Deutschland | | Österreich | Frankreich | | | Tschechien | Polen | | Slowakei | | | |
Profil	Zürich	BW	BY	Nord	Ard	Mos	M.e.M.	West	Nord	Süd	Ost	West	in X Proben	in X Regionen
G01	0	0	0	0	0	0	0	0	6	0	0	0	6	1
G02	0	0	0	0	0	0	0	0	0	1	0	0	1	1
G03	0	0	0	0	2	0	0	0	1	0	0	0	3	2
G04	2	2	0	0	0	0	0	3	0	0	0	0	7	3
G05	0	9	0	28	0	0	0	26	0	0	5	8	76	5
G06	0	0	0	0	0	0	0	5	0	0	0	0	5	1
G07	3	9	11	10	0	0	0	0	37	5	0	0	75	6
G08	0	0	0	0	0	0	0	0	1	0	0	0	1	1
G10	0	0	0	0	1	5	3	0	0	0	0	0	9	3
G11	3	0	0	0	0	0	0	0	0	0	0	0	3	1
G12	1	0	0	0	0	0	0	0	0	0	0	0	1	1
G14	1	0	0	0	0	0	0	0	0	0	0	0	1	1
G15	5	0	0	0	0	0	0	0	0	0	0	0	5	1
G17	0	0	0	0	0	0	2	0	0	0	0	0	2	1
G19	0	9	16	0	0	0	0	0	0	0	0	0	25	2
G20	0	2	5	5	0	0	0	0	0	0	0	0	12	3

Fortsetzung Tab.4

G21	2	17	0	0	0	0	12	0	0	0	0	0	5	0
G22	4	19	0	0	0	0	5	4	0	0	4	0	0	6
G23	5	37	0	9	0	0	5	0	0	0	14	0	5	4
G24	3	4	0	0	0	0	0	0	0	1	2	0	0	1
G25	7	79	25	9	1	0	7	0	0	0	31	0	2	4
G26	1	2	0	0	0	0	0	0	0	0	0	0	0	2
G27	3	16	0	0	4	0	0	0	0	0	0	5	7	0
G28	1	4	0	0	0	0	0	4	0	0	0	0	0	0
G29	2	3	0	0	2	0	0	0	0	0	0	0	0	1
G30	5	71	0	6	35	0	0	0	0	0	4	25	0	1
G33	1	7	0	0	0	0	0	0	0	0	0	7	0	0
G34	1	1	1	0	0	0	0	0	0	0	0	0	0	0
G35	1	9	0	0	0	0	0	0	0	0	0	9	0	0
G36	1	1	0	0	0	0	0	0	0	0	0	1	0	0
G37	1	16	0	0	0	0	0	0	0	0	0	0	16	0
G38	1	1	0	0	0	0	0	0	0	0	0	1	0	0
G39	2	36	0	0	0	0	0	0	0	0	0	12	24	0
Anzahl Proben		555	34	29	48	45	63	5	13	4	98	92	90	34
Gesamtzahl Profile		33	3	4	6	4	7	1	4	3	8	10	11	13

Ergebnisse

Bei EmsB zeigt das Diagramm (Abbildung 35), dass die Anzahl der Profile des Mikrosatelliten vom zentralen Fokus in die peripheren Regionen abnimmt.

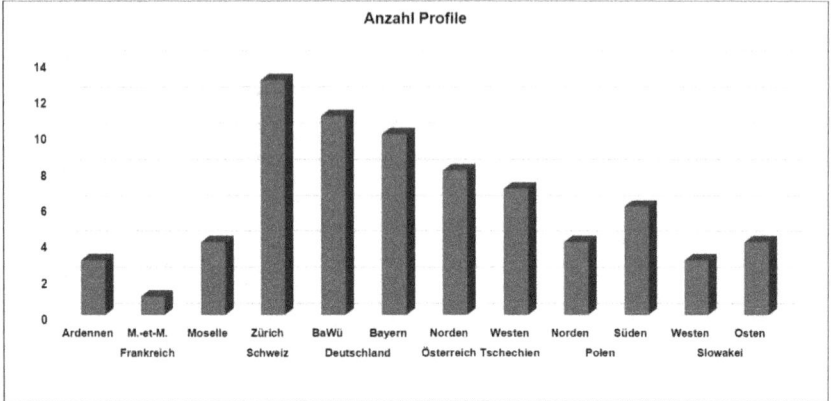

Abb.35: Übersicht über Vorkommen und Häufigkeit der in den Subregionen vorkommenden Profile

Allerdings ist auch hier zu beachten, dass die Anzahl der untersuchten Isolate in den einzelnen Subregionen zum Teil sehr unterschiedlich ist.

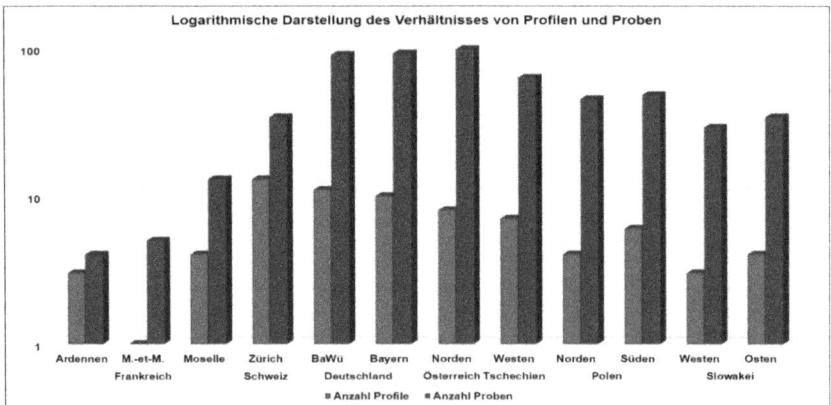

Abb.36: Verteilung der einzelnen Profile im Vergleich zur Anzahl untersuchter Isolate je Subregion

Vergleicht man die beiden Marker, so zeigt sich jedoch für beide, dass mehr mitochondriale Haplotypen bzw. EmsB- Profile im zentralen Fokus vorkommen, als in den peripheren Regionen. Eine Ausnahme stellt die östliche Slowakei dar, wo sich ebenso viele mitochondriale Haplotypen finden, wie in der Schweiz und Baden-Württemberg.

3.4.2. Darstellung der genetischen Diversität mit Diversitätsindex

Wie unter Punkt 3.4.1. bereits erwähnt ist bei der Darstellung der genetischen Diversität auch die Anzahl untersuchter Isolate zu beachten. Dazu wurde hier der Diversitätsindex nach Nei (1987) verwendet. Dieser berechnet die Haplotypen-Diversität wie folgt:

$$Hd = \frac{N}{N-1} \times (1 - \sum_i xi^2)$$

Dabei steht Hd für „Haplotype Diversity", x = Häufigkeit eines Haplotyps, n = Anzahl Isolate mit diesem Ht, N = Gesamtzahl Isolate. Je näher die Hd bei 1 liegt, desto höher ist die genetische Diversität.

In die Berechnung des Diversitätsindex wurden nur Isolate einbezogen, die sowohl für die mt Marker als auch für EmsB Ergebnisse brachten.

Beispielhaft für die mitochondrialen Haplotypen, die in der Schweiz nachgewiesen wurden, ergibt sich folgende Berechnung:

$$\frac{33}{32} \times \left(1 - \left(2 \times \left(\frac{10}{33}\right)^2 + \left(\frac{2}{33}\right)^2 + \left(\frac{11}{33}\right)^2\right)\right) = 0,724$$

In der Schweiz konnten 33 Isolate ausgewertet werden, in denen sich insgesamt 4 mitochondriale Haplotypen fanden. Dabei kamen Em1 und Em2 jeweils in 10 Isolaten vor, Em3 in 2 Isolaten und Em4 in 11 Isolaten. Daraus ergibt sich ein Diversitätsindex von 0,724.

Ergebnisse

Die hier berechneten Diversitätsindizes der einzelnen Länder zeigt Tabelle 15. Da für Luxemburg keine EmsB-Daten gewonnen werden konnten, fehlt der entsprechende Wert in der Tabelle.

Tab.15: Übersicht über die Diversitätsindizes der einzelnen Länder für EmsB und die mt Marker

Region	Land	mt	EmsB
West	Frankreich	0,589	0,816
	Luxemburg	0,416	/
Zentrum	Schweiz	0,724	0,919
	Deutschland	0,059	0,898
	Österreich	0,082	0,791
Ost	Tschechien	0,533	0,783
	Polen	0,484	0,759
	Slowakei	0,582	0,620

Anhand dessen ergibt sich die Diversität in den einzelnen Ländern wie folgt:

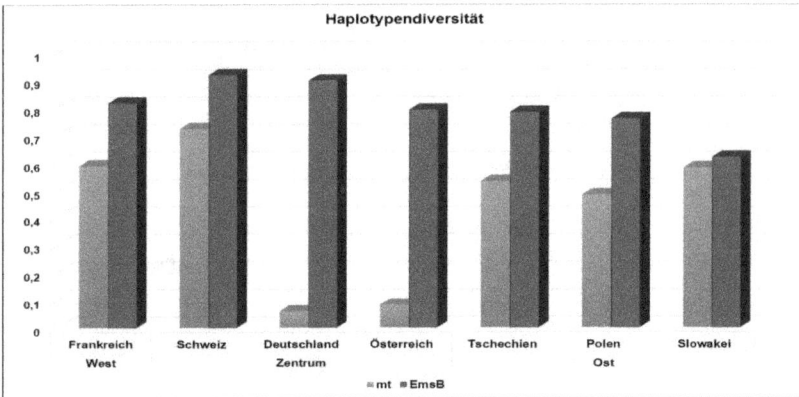

Abb.37: Haplotypendiversität der mitochondrialen und Mikrosatelliten-Marker in den einzelnen Ländern

3.4.3. Vergleich der mit beiden Methoden erhaltenen genetischen Diversität

Vergleicht man nun die mit beiden Methoden erhaltene genetische Diversität, so zeigen sich Unterschiede.

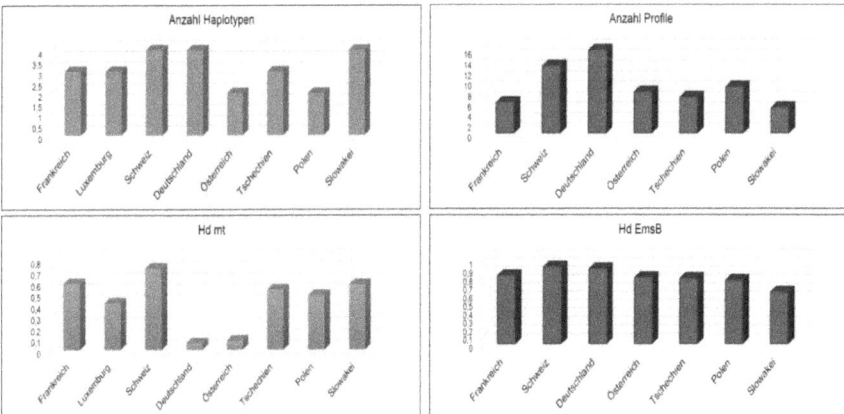

Abb.38: Vergleich der genetischen Diversität. Oben: Ausgehend von der Anzahl der Haplotypen bzw. Profile. Unten: Ausgehend von der Haplotypendiversität

Betrachtet man nur die Anzahl mt Haplotypen in den einzelnen Ländern, so ist diese Anzahl in der Schweiz, Deutschland und der Slowakei gleich hoch. Die Hd ist jedoch in der Slowakei geringer als in der Schweiz und in Deutschland am niedrigsten von allen untersuchten Ländern. Für die mitochondrialen Marker ist somit die Hd zwar in der Schweiz am höchsten, nicht jedoch in zentralen Fokus generell.

Bei den Profilen des Mikrosatelliten-Markers EmsB ist die Hd mehr ausgeglichen, als die Anzahl der in den jeweiligen Ländern nachgewiesenen Profile. Die Hd zeigt zwar noch immer eine geringere Diversität in der östlichen und westlichen Peripherie, jedoch ist hier der Unterschied nicht so deutlich, wie ausschließlich Anhand der Anzahl der vorkommenden Profile gemessen.

Mit beiden genetischen Markern konnten spezifische Haplotypen bzw. Profile nachgewiesen werden, die nur in einzelnen Ländern auftraten. Je 3 spezifische mitochondriale Haplotypen fanden sich in der Schweiz und Deutschland, je eines in Luxemburg und Frankreich. Die weiteren Länder wiesen keine spezifischen Haplotypen auf. Ebenfalls in der Schweiz und Deutschland wurde mit 5 bzw. 7 spezifischen EmsB-Profilen die höchste Zahl nachgewiesen, gefolgt von Frankreich und Polen mit je 3 spezifischen Profilen und je einem in Tschechien und der Slowakei. Einzig Österreich wies keine spezifischen Mikrosatelliten-Profile auf.

3.5. Mischinfektionen

Die in der vorliegenden Arbeit verwendeten Isolate stammen aus Füchsen, Nutrias und Bisamen. Aus den Füchsen wurden im Durchschnitt 5 Würmer für die weitere Analyse entnommen, aus Bisamen und Nutrias wurde je ein Isolat untersucht.

In mehreren der hier untersuchten Tiere konnten Mischinfektionen mit 2 oder 3 mitochondrialen Haplotypen bzw. Mikrosatelliten-Profilen nachgewiesen werden. Auffällig war, dass mit dem Mikrosatelliten EmsB häufiger eine Mischinfektion nachweisbar war, als mit den mitochondrialen Markern. Da aus Bisamen und Nutrias nur je ein Isolat untersucht wurde, konnten diese Tiere nicht auf Mischinfektionen untersucht werden. Die Kombinationen der gemeinsam in einem Tier auftretenden

Haplotypen bzw. Profile traten alle etwa gleich häufig auf. Keine Kombination war dominant.

Für den mitochondrialen Marker atp6 konnte ausschließlich in 4 der 160 Tiere (2,5%) eine Mischinfektion festgestellt werden, wobei jeweils 2 Haplotypen (A1+A2, A2+A3, A2+A4) in einem Fuchs vorlagen.

Bei nd1 wurde in 3 der 160 Tiere (1,9%) eine Mischinfektion aus den beiden Haplotypen N1+N2 beschrieben.

Für cox1 lag bei 5,6% der Füchse (9 von 160 Tieren) eine Mischinfektion aus zwei (C2+C3, C2+C4, C2+C5, C2+C6) oder drei (C1+C2+C3, C2+C4+C5) Haplotypen vor.

Die konkatenierten Sequenzen wiesen in 5% der Füchse (8 von 160) eine Mischinfektion auf. Diese setzten sich zusammen aus den Haplotypen Em1+Em2, Em2+Em3, Em3+Em4, Em4+Em5, Em4+Em6, Em4+Em7 und Em4+Em5+Em6.

Der Mikrosatelliten-Marker EmsB zeigte mit 27,5% eine deutlich höhere Rate an Mischinfektionen auf. Dabei konnten 2-3 Profile je Tier festgestellt werden.

Diese setzten sich wie folgt zusammen:

- 2 Profile je Tier: G01+G07, G02+G27, G03+G07, G04+G07, G04+ G21, G05+G21, G07+G08, G07+G25, G07+G30, G07+G39, G10+G17, G10+G28, G11+G14, G12+G30, G19+G27, G19+G30, G19+G36, G19+G39, G23+G24, G25+G30, G25+G34, G26+G29, G29+G30, G30+G33, G35+G39, G37+G39

- 3 Profile je Tier: G03+G10+G24, G07+G38+G39, G15+G22+G24, G19+G20+G25 und G23+G25+G30.

Tab.16: Vorkommen und Häufigkeit von Mischinfektionen in den einzelnen Ländern. Ard = Dép. Ardennes, BW = Baden-Württemberg, BY = Bayern, M.e.M. = Dép. Meurthe-et-Moselle, Mos = Dép. Moselle

| | Zentrum | | | | West | | | Ost | | | | |
| | Schweiz | Deutschland | | Österreich | Frankreich | | | Tschechien | Polen | | Slowakei | |
	Zürich	BW	BY	Nord	Ard	Mos	M.e.M.	West	Nord	Süd	Ost	West
Anzahl Füchse	9	25	23	22	6	12	2	15	10	10	6	8
Anzahl Füchse mit 5 Würmern	6	15	16	13	1	3	1	11	7	10	6	8
Anzahl Füchse mit >5 Würmern	0	2	1	1	0	0	0	0	1	0	0	0
Anzahl Füchse mit <5 Würmern	3	8	6	8	5	9	1	4	2	0	0	0
Anzahl Füchse mit 1 Ht/ Profil	6/ 4	23/ 12	20/ 11	22/21	5/0	12/1	2/1	14/12	10/7	9/5	2/3	8/7
Anzahl Füchse mit 2 Ht/ Profilen	3/4	0/6	0/7	0/2	0/0	0/2	0/0	1/2	0/3	1/5	3/2	0/1
Anzahl Füchse mit 3 Ht/ Profilen	0/1	0/1	0/1	0/0	0/1	0/0	0/0	0/0	0/0	0/0	1/1	0/0

3.6. Andere Wirtstiere

Von den insgesamt 661 für die vorliegende Arbeit zur Verfügung stehenden Isolaten stammen 92,5% aus Füchsen. Zusätzlich wurden jedoch auch 10 Isolate aus 10 Bisamen und 2 Isolate aus 2 Nutrias analysiert. Die Bisame stammen aus Luxemburg, die Nutrias aus dem Oberrheintal an der französischen Grenze, so dass diese Isolate dem westlichen Fokus zugeordnet werden können. Weder für die Nutrias noch für die Bisame konnten für den Mikrosatelliten-Marker EmsB Ergebnisse erzielt werden. Beide Nutria-Isolate brachten kein Ergebnis für atp6, für nd1 und cox1 wurde jeweils der für das Gen dominante Haplotyp nachgewiesen. Auf die Nutrias wird daher in diesem Abschnitt nicht weiter eingegangen.

Bei den Bisamen brachten alle 10 Isolate Ergebnisse für atp6 und zeigten für dieses Gen den dominanten Haplotyp. Auch für nd1 wurden Ergebnisse für alle 10 Isolate erzielt, hier konnte neben dem dominanten Haplotyp in einer Probe ein weiterer Haplotyp beschrieben werden, der in keinem anderen Isolat nachgewiesen wurde. Für cox1 konnten für 9 der 10 Proben Ergebnisse erhalten werden. 8 der Isolate wiesen den dominanten Haplotyp auf, ein weiteres Isolat den hier C6 genannten Haplotyp, der auch in Isolaten aus Frankreich nachgewiesen wurde. In den konkatenierten Sequenzen von 9 der Bisam-Isolate konnten insgesamt 3 Haplotypen nachgewiesen werden: Der dominante Haplotyp in 7 Isolaten, in einem Isolat ein in der vorliegenden Arbeit auch in Frankreich beschriebener Haplotyp und ein weiterer, hier nur in Bisamen beschriebener Haplotyp.

4. Diskussion

4.1. Morphologische und genetische Einordnung von *Echinococcus multilocularis*

Der kleine Fuchsbandwurm *Echinococcus multilocularis* ist in weiten Teilen der nördlichen Hemisphäre endemisch. In Asien ist der Parasit ebenfalls weit verbreitet, jedoch sind aus vielen Gebieten wenige, keine, oder nur unzureichende Daten vorhanden, während andere Regionen gut untersucht sind. Auch sind in Asien die ökologischen Gegebenheiten sehr verschieden und variieren von feuchtem Grasland über Steppenlandschaften zu ariden Regionen in Zentralasien. Aus diesem Grund gibt es je nach ökologischer Voraussetzung unterschiedliche Lebenszyklen zwischen verschiedenen, in der jeweiligen Landschaftsform vorkommenden Arten von Wirtstieren. Auch die Prävalenzen unterscheiden sich deutlich je nach Region. Allgemein sind aus Teilen Asiens die weltweit meisten Fälle humaner AE bekannt (Eckert *et al.* 2001).

Beschränkte sich das bekannte Verbreitungsgebiet des Fuchsbandwurms in Nordamerika ursprünglich auf wenige kleine Gebiete in Kanada, die zu Alaska gehörende Insel St. Lawrence Island, sowie die US-Staaten Minnesota und North Dakota, so ist der Parasit inzwischen in weiten Teilen Kanadas und der USA nachgewiesen worden. Sein Verbreitungsgebiet erstreckt sich dort heute von der nördlichen Tundrazone Kanadas und Alaskas über Gebiete in allen Staaten Kanadas bis in 12 nördliche US-Staaten (Gesy *et al.* 2013). Mit Ausnahme von St. Lawrence Island sind aus Nordamerika jedoch kaum Fälle humaner AE bekannt (Massolo *et al.* 2014). Die höchsten Prävalenzen von *E. multilocularis* in Tierwirten in Nordamerika konnten ebenfalls auf St. Lawrence nachgewiesen werden (Eckert *et al.* 2001).

In Europa ist *Echinococcus multilocularis*, wie unter Punkt 1.3.2. beschrieben, in den meisten Ländern endemisch. Das Verbreitungsgebiet des Parasiten erstreckt sich aktuell im Norden bis Schweden (Osterman-Lind *et al.* 2011), im Süden bis nach Norditalien (Casulli *et al.* 2009), im Westen bis an die französische Atlantikküste (Umhang *et al.* 2014) und im Osten bis in den europäischen Teil Russlands (Konyaev *et al.* 2013). Dabei variieren die Prävalenzen in den einzelnen Regionen deutlich (EFSA AHAW Panel 2015).

Der Name *Echinococcus multilocularis* für den Kleinen Fuchsbandwurm wurde erstmals von Leuckart 1863 verwendet, nachdem dieser morphologische Unterschiede zwischen der von Virchow beschriebenen Larvenform und der der bisher bekannten Art *Taenia echinococcus* fand. Leuckart sah diese jedoch als eine „Form" von *T. echinococcus* an, nicht als eine eigenständige Art. Zu dieser Zeit war noch unklar, ob die in Menschen und Tieren gefundenen Zysten von einer einzigen Parasiten-Art verursacht werden, oder von verschiedenen Arten (Tappe *et al.* 2010). Ebenfalls 1863 zeigte sich, dass sich sowohl aus Zysten von Menschen als auch von Tieren, welche an Hunde verfüttert wurden, adulte *T. echinococcus* entwickeln. Daraus entstand die Hypothese, dass nur eine Art Parasit, genauer *Taenia echinococcus,* existiert, deren Larven sich anhand morphologischer Unterschiede der Zysten jedoch in drei Formen aufteilen lassen: *Echinococcus hydatidosus* (multizystisch), *E. granulosus* (unizystisch) und *E. multilocularis* (alveolär) (Tappe *et al.* 2010).

Um das Jahr 1900 war noch immer unklar, ob die Zysten, die man in Menschen und verschiedenen Tieren beschrieben hatte, von 2 unterschiedlichen Arten von Parasiten verursacht werden, wie es die Gruppe der sogenannten Dualisten behauptete. Diese Gruppe verwies auch auf das auf Süddeutschland, Österreich und die Schweiz begrenzte Vorkommen von AE, wogegen CE im Norden Deutschlands und auf Island die höchsten Prävalenzen zeigte. Dagegen gingen die sogenannten Unizisten davon aus, dass nur eine Art, *T. echinococcus*, existiert, deren Larven bedingt durch Umweltfaktoren wie oben beschrieben 3 verschiedene Formen von Zysten hervorrufen. Aufklärung erhoffen sich beide Gruppen von Wissenschaftlern durch die eindeutige Identifizierung der End- und Zwischenwirte (Tappe *et al.* 2010).

Erste Experimente mit Tieren führten allerdings zu mehr Unklarheiten, anstatt zur Aufklärung der Frage, insbesondere, da nur wenige Experimente überhaupt brauchbare Ergebnisse brachten. So konnte bis in die 1950er Jahre nicht eindeutig geklärt werden, ob nun 2 verschiedene Arten existieren, oder nur ein Parasit, der verschiedene Larvenformen hervorbringt. Erst Studien in Alaska zeigten, dass dort ein Zyklus von AE zwischen Eisfüchsen und Wühlmäusen existiert und auch humane Läsionen vom selben Parasiten verursacht werden. Studien in Deutschland, die nach Veröffentlichung der Studien aus Nordamerika durchgeführt wurden, zeigten, dass in Deutschland ein Zyklus zwischen Rotfüchsen und Nagetieren existiert. Auch konnten hier erstmals Adulti anhand morphologischer Kriterien eindeutig in 2 Arten, *Echinococcus multilocularis* und *E. granulosus,* unterteilt werden (Tappe *et al.* 2010). Nachdem der Status von *E. granulosus* und *E. multilocularis* als 2 verschiedene Arten geklärt war wurde allerdings weiter diskutiert, ob von *E. multilocularis* Unterarten existieren. Als anerkannt galten anfangs die allopatrisch vorkommenden *E. multilocularis multilocularis* in Europa, *E. multilocularis sibiricensis* in Alaska und *E. multilocularis kazakhensis* in Kasachstan. *E. m. kazakhensis* wurde aufgrund seines Vorkommens in Wiederkäuern beschrieben; heute geht man davon aus, dass alle Berichte alveolärer Echinokokkose in Wiederkäuern auf aberrante Wuchsformen zystischer Echinokokkose zurückgehen (Rausch 1967).

Obwohl heute die eben beschriebenen Unterarten als synonym zu *E. multilocularis* angesehen werden, gibt es immer wieder Vermutungen, dass Unterarten des Fuchsbandwurms existieren. In ihrer Studie von 1971 konnten Rausch & Richards keine morphologischen Unterschiede zwischen adulten Würmern und Larvenstadien von der zu Alaska gehörenden Insel St. Lawrence und aus North Dakota feststellen. Zwar waren Unterschiede in der Größe der Haken erkennbar, diese wurden aber als nicht signifikant angesehen. Jedoch wurden Unterschiede in der Infektiosität der Unterarten von St. Lawrence Island und aus North Dakota bei der experimentellen Infektion verschiedener Arten von Wirtstieren festgestellt (Rausch & Richards 1971). Spätere Untersuchungen von adulten Würmern aus verschiedenen Endwirten aus der Inneren Mongolei, sowie Experimente mit Zwischenwirten im Labor zeigten morphologische Unterschiede der Adulti und Larven (Tang *et al.* 2006). Dabei sahen die Autoren die Unterschiede als so gravierend an, dass sie die Isolate in 3 Arten, *E. multilocularis, E. sibiricensis* und eine vorläufig als *Echinococcus* sp. bezeichnete Art, einteilten (Tang *et al.* 2006). Tang *et al.* (2007) beschreiben die scheinbare neue Art als *E. russicensis*, welche in der Inneren Mongolei in Steppenfüchsen nachgewiesen wurde. Auch in einer Studie von Nakao *et al.* (2009) fanden sich deutliche genetische Unterschiede zwischen Isolaten aus der Inneren Mongolei und *E. multilocularis* anderer Herkunft. Allerdings sehen die Autoren diese distinkte Form lediglich als intraspezifische Variante von *Echinococcus multilocularis* an (Nakao *et al.* 2009).

Innerhalb seines Verbreitungsgebietes ist *Echinococcus multilocularis* an verschiedene Wirte angepasst. Zusätzlich wird vermutet, dass es je nach Region unterschiedliche Wirtspräferenzen des Fuchsbandwurms gibt. Genetische Untersuchungen von Isolaten unterschiedlicher geographischer Herkunft werfen immer wieder Fragen auf, ob weltweit verschiedene Unterarten von *E. multilocularis* vorkommen. So zeigte sich durch Analysen mit dem Mikrosatelliten-Marker EmsB, dass Isolate von Svalbard genetisch deutlich enger mit Isolaten von St. Lawrence Island als mit Isolaten aus Europa verwandt sind (Knapp *et al.* 2012). Allgemein konnten bereits verschiedene Studien zeigen, dass sich Isolate von St. Lawrence Island deutlich von Isolaten aus anderen Ländern/ Regionen unterscheiden (Knapp *et al.* 2007). Daher gibt es Vermutungen, dass eine arktische Unterart existiert, deren Lebenszyklus an den Eisfuchs angepasst ist und die somit ausschließlich in polaren Gebieten vorkommt (Knapp *et al.* 2012).

Neben dem erwähnten, möglicherweise an den Eisfuchs angepassten, Lebenszyklus wird in den französischen Ardennen eine Präferenz von *Microtus*-Arten als Hauptnahrung von Füchsen vermutet (Guislain *et al.* 2008). In dieser Region konnte auch ein spezifisches EmsB-Profil nachgewiesen werden, welches in anderen europäischen Isolaten nicht beschrieben werden konnte (Knapp *et al.* 2009), was aber aufgrund zu geringer genetischer Unterschiede zu anderen europäischen Profilen nicht auf die Existenz einer Unterart hinweist.

Der Vermutung, dass es an bestimmte Wirte angepasste Unterarten gibt, wiedersprechen jedoch Studien, die beispielsweise den in der Inneren Mongolei beschriebenen Haplotypen sowohl in Wölfen (Ito *et al.* 2013), Rotfüchsen (Konyaev *et al.* 2013) und Steppenfuchs (Tang *et al.* 2007), als auch in Wühlmäusen (Konyaev *et al.* 2013) und Menschen (Ito *et al.* 2010) nachweisen konnten. Zur Klärung dieser Frage wären systematische vergleichende Studien in verschiedenen geographischen Regionen nötig.

Auch die geografisch sehr verschieden verteilte Häufigkeit humaner AE führte zu Spekulationen über distinkte Unterarten mit unterschiedlicher Humanpathogenität. Die meisten Fälle einer humanen AE treten in Asien, insbesondere in Teilen Chinas auf. In Europa kommen Fälle humaner alveolärer Echinokokkose deutlich seltener vor, während aus Nordamerika bislang überhaupt nur 3 Fälle bekannt sind (Eckert *et al.* 2001, Massolo *et al.* 2014). Dies belegt jedoch nicht die Existenz von Unterarten innerhalb von *Echinococcus multilocularis*, sondern kann auch durch verschiedene Lebensweisen (das Halten von Haustieren bzw. Nutztieren im Haus, hygienische Bedingungen, Entwurmungspraktiken von Haushunden usw.) in unterschiedlichen geographischen Regionen begründet sein (Vuitton *et al.* 2003).

4.2. Mitochondriale Marker

In der vorliegenden Arbeit lag der Fokus auf der genetischen Untersuchung von Isolaten aus Europa. Die genetische Charakterisierung von *Echinococcus multilocularis* begann in den 1990er Jahren. Dabei kamen bis heute verschiedene Methoden zum Einsatz: U.a. nukleäre Marker, single-strand conformation polymorphism (SSCP), sowie mitochondriale und Mikrosatelliten-Marker. Egal, welche genetischen Marker Verwendung fanden, die Ergebnisse zeigten übereinstimmend, dass Isolate von *E. multilocularis* sich genetisch nur geringfügig voneinander unterscheiden, unabhängig von ihrer Herkunft. Insbesondere mitochondriale Marker wurden häufig zur Untersuchung der genetischen Diversität von *Echinococcus multilocularis* verwendet, da zum einen das mitochondriale Genom haploid ist und in hoher Kopienzahl vorkommt, so dass gute PCR-Ergebnisse auch bei schlechter erhaltenem Probenmaterial zu erwarten sind. Zum anderen evolviert es schneller als das nukleäre Genom und weist keine Rekombination auf. Das mitochondriale Genom des Fuchsbandwurms ist 13738 bp lang und besteht aus 36 Genen (Nakao *et al.* 2002).

Bereits die ersten mit mitochondrialen Markern durchgeführten Studien zur genetischen Diversität von *Echinococcus multilocularis* zeigten, dass es Haplotypen gibt, die sich eindeutig geographisch zuordnen lassen, obgleich sie allerdings nur sehr geringe genetische Unterschiede aufweisen. So beschrieben Bowles *et al.* (1992) und Bowles & McManus (1993) die Haplotypen M1 und M2 mithilfe von Teilstücken der mitochondrialen Gene cox1 (366 bp) und nd1 (471 bp) wobei M1 in drei Isolaten aus China, Alaska und Nordamerika vorkam und M2 in einem Isolat aus Europa. Die Haplotypen unterscheiden sich auf beiden untersuchten Genabschnitten in 2 Nukleotiden. Auch Haag *et al.* (1997) konnten genetisch 2 weltweite Gruppen nachweisen. Sie untersuchten 33 Isolate aus Europa, Nordamerika und Japan mit einem Fragment von nd1 (141 bp) und konnten anhand ihrer Ergebnisse die Proben in 2 genetische Gruppen einteilen, wobei Gruppe A in Isolaten aus Europa, Asien und Nordamerika (außer St. Lawrence/ Alaska) nachgewiesen wurde und Gruppe B ausschließlich auf St. Lawrence, Alaska. Dies stimmt allerdings nicht mit den geographischen Zuordnungen von Bowles *et al.* (1992) und Bowles & McManus (1993) überein. In weiteren Studien konnte mit mitochondrialen Markern meist nur je ein Haplotyp in Isolaten aus mehreren Ländern nachgewiesen werden. Beispielsweise belegten Okamoto *et al.* (1995) in 6 Isolaten aus Japan und Alaska nur einen Haplotyp mit einem Fragment (391 bp) von cox1. Allen eben beschriebenen Studien kommt wegen der geringen Anzahl der untersuchten Isolate und der kurzen Genfragmente nur geringe Aussagekraft zu.

Erst in einer umfangreichen Studie zur Untersuchung von genetischen Verbreitungsmustern von *Echinococcus multilocularis* (Nakao *et al.* 2009) konnten Isolate geographischen Clustern zugeordnet werden. In den zusammengefügten Sequenzen der mitochondrialen Gene cox1, cob und nd2 mit einer Gesamtlänge von 3558 bp konnten 18 Haplotypen in den 76 untersuchten Isolaten aus verschiedenen Ländern weltweit nachgewiesen werden. Die in dieser Studie beschriebenen Haplotypen ließen sich dabei geographisch differenzierten Clustern in Asien, Europa und Nordamerika zuweisen, wobei die genetische Distanz zwischen diesen Clustern jedoch gering ausfällt (Nakao *et al.* 2009). Eine Ausnahme bildeten in dieser Studie zwei Isolate aus der Inneren Mongolei, die sich deutlich von den anderen Isolaten unterschieden und keinem der drei Cluster zugeordnet werden konnten und somit ein eigenes Cluster bilden. Problematisch ist auch hier die geringe Probenzahl. Insgesamt wurden nur 76 Isolate von *E. multilocularis* untersucht (24 aus Europa, 35 aus Asien und 17 aus Nordamerika). Daher konnte in dieser Studie die Variabilität der Isolate in einer Region nur unzureichend dargestellt werden (Nakao *et al.* 2009).

Die oben beschriebene Einteilung von *E. multilocularis*-Haplotypen in Cluster scheint aufgrund der deutlichen genetischen Unterschiede, die in dieser Studie (Nakao *et al.* 2009) nachgewiesen werden konnten, sinnvoll. In anderen Studien konnten diese Cluster ebenfalls belegt und Haplotypen diesen Clustern zugeordnet werden. So beschreiben Konyaev *et al.* (2013) anhand der vollständigen Sequenz von cox1 das Vorhandensein aller vier von Nakao *et al.* (2009) beschriebenen Cluster in Russland. Russland erstreckt sich über den asiatischen und den europäischen Kontinent. Haplotypen des europäischen Clusters wurden von Konyaev *et al.* (2013) ausschließlich im europäischen Teil Russlands nachgewiesen, der mongolische

Haplotyp an der Grenze zur Inneren Mongolei. Zum asiatischen Cluster zählende Haplotypen wurden dagegen im gesamten Untersuchungsgebiet nachgewiesen, also auch im europäischen Teil Russlands. Auffällig war jedoch der Fund eines zum Nordamerikanischen Cluster zählenden Haplotyps, der offenbar zirkumpolar verbreitet ist (Konyaev *et al.* 2013).

Bislang keine eindeutige Erklärung gibt es für den Nachweis eines europäischen Haplotyps in Kanada, der in der Leberzyste eine Hundes beschrieben werden konnte, noch dazu in einer bis dahin als nicht endemisch angesehenen Region (Jenkins *et al.* 2012). Dieser erwies sich nicht als Einzelfall, sondern später konnte derselbe Haplotyp in Kojoten in dieser Region ebenfalls nachgewiesen werden (Gesy *et al.* 2013). Vermutet wird, dass der in den gerade genannten Studien beschriebene europäische Haplotyp mit Füchsen aus Europa nach Nordamerika gebracht wurde, oder aus einer Pelztierfarm entkommene Füchse diesen in Kanada verbreitet haben könnten (Gesy *et al.* 2013).

Zwar konnten, wie eben beschrieben, mithilfe mitochondrialer Marker Isolate von *Echinococcus multilocularis* teilweise bestimmten Regionen zugeordnet werden, jedoch war keine der genannten Studien in der Lage Rückschlüsse auf mögliche Verbreitungswege des Parasiten innerhalb einer begrenzten Region, wie beispielsweise Europa, zu ziehen. Die einzige Ausnahme bildet der Mikrosatelliten-Marker EmsB, der deutlich stärker variiert, als alle bisherigen mitochondrialen Sequenzen. Mithilfe dieses Markers wurde die sogenannte „mainland-island-Hypothese" bezüglich der Ausbreitungsrichtung des Parasiten in Europa aufgestellt. Laut dieser Hypothese hat sich *E. multilocularis* ausgehend vom oben bereits erwähnten historischen Endemiegebiet (in der genannten Studie genauer die Schweiz, Süddeutschland, West- Tschechien und der Norden Österreichs) in die peripheren Regionen (Frankreich, Slowakei und Polen) ausgebreitet (Knapp *et al.* 2009). Dabei findet sich die höchste Diversität im historischen Fokus, dem „mainland", in dem der Parasit am längsten bekannt ist und die höchsten Prävalenzen nachgewiesen wurden. Durch die Wanderung von Füchsen wurden einzelne Haplotypen in angrenzende Länder verschleppt, die „islands". Dort ist die Diversität geringer, da dies neue Endemiegebiete sind, in denen der Parasit erst seit verhältnismäßig kurzer Zeit vorkommt, in der sich noch keine höhere Diversität ausbilden konnte (Knapp *et al.* 2009).

Für die vorliegende Dissertation wurden die in der gerade genannten Studie verwendeten Isolate mit mitochondrialen Markern untersucht und hierbei eine andere Definition für den historischen Fokus und die peripheren Regionen gewählt. Als historischer Fokus bzw. ursprüngliches Endemiegebiet (das „mainland" nach Knapp *et al.* (2009)) von *E. multilocularis* werden hier ausschließlich die Schweiz und der Süden Deutschlands angesehen, da in diesen Ländern nachweislich der Parasit als erstes beschrieben wurde und seitdem kontinuierlich mit hohen Prävalenzen nachgewiesen werden kann. Außerdem sind aus Süddeutschland und der Schweiz die meisten Fälle einer humanen AE beschrieben worden. Auch deuten die in der vorliegenden Studie erhaltenen Ergebnisse Süddeutschland und die Schweiz eher als ursprüngliche Endemiegebiete an, als die anderen untersuchten Regionen, wie später genauer erklärt wird. Alle weiteren Länder bzw. Subregionen zählen hier zur Peripherie (die „islands", oder neuen Endemiegebiete nach Knapp *et al.* (2009)).

Zu erwähnen sei, dass in der hier vorliegenden Dissertation atp6, cox1 und nd1 als genetische Marker verwendet und außerdem von cox1 und nd1 nur Teilstücke und nicht das vollständige Gen untersucht wurden. Außerdem stammten die hier verwendeten Isolate ausschließlich aus Europa. Aus diesen Gründen kann anhand der hier gewonnenen Daten kein Vergleich zur vorher beschriebenen Studie von Nakao *et al.* (2009) gezogen werden. Jedoch ist die von Nakao *et al.* (2009) für die einzelnen mitochondrialen Gene beschriebe Anzahl an Haplotypen vergleichbar mit der in der vorliegenden Arbeit. Nakao *et al.* (2009) konnten in den 76 *E. multilocularis*-Isolaten mit den vollständigen Sequenzen der mitochondrialen Gene cox1, cob und nd2 für cox1 12 Haplotypen nachweisen und je 9 für cob und nd2. In den zusammengefügten Sequenzen beschrieben die Autoren 18 verschiedene Haplotypen (Nakao *et al.* 2009). In der vorliegenden Arbeit fanden sich 4 Haplotypen mit nd1 und je 7 mit atp6 und cox1, für die zusammengefügten Sequenzen ergaben sich 13 Haplotypen. Im Gegensatz zu der Studie von Nakao *et al.* (2009) war in der vorliegenden Arbeit die klare Übereinstimmung zwischen den untersuchten Genen bzw. Genfragmenten auffällig: Für jeden der drei verwendeten mitochondrialen Marker, sowie auch für die zusammengefügten Sequenzen konnte jeweils ein dominanter Haplotyp nachgewiesen werden, der in der höchsten Zahl von Isolaten und, mit Ausnahme von nd1, in allen untersuchten Ländern vorkam. Während für nd1 im Osten Europas ausschließlich der dominante Haplotyp nachweisbar war konnten in den westeuropäischen Ländern mit diesem Gen jeweils noch weitere Haplotypen beschrieben werden. Bei cox1 fanden sich in jedem Land mindestens 2 Haplotypen, darunter aber immer der dominante Haplotyp. Für atp6 konnte in Österreich, Polen und Luxemburg ausschließlich der dominante Haplotyp nachgewiesen werden, während in der Slowakei, Tschechien und Frankreich neben diesem noch ein weiterer Haplotyp beschrieben wurde und in der Schweiz und Deutschland je 2 weitere. Auch diese Daten zeigen, dass für jedes Gen ein dominanter Haplotyp überwiegt, aber zusätzlich weitere Haplotypen vorkommen, die ungleichmäßig über das Untersuchungsgebiet verteilt sind.

Da die in der vorliegenden Arbeit beschriebenen Unterschiede zwischen den nachgewiesenen Haplotypen mit 1-9 Nukleotid-Austauschen (bei den konkatenierten Sequenzen von 1149 bp) sehr gering ausfielen, war es nicht möglich anhand dieser Daten einen aussagekräftigen Stammbaum zu erstellen. Daher wurde hier ein Haplotypen-Netzwerk erstellt (siehe Abbildung 26, Punkt 3.1.4.). Dieses zeigt ebenfalls deutlich, dass in den E. multilocularis-Isolaten aller hier untersuchten Länder ein dominanter Haplotyp vorkommt, welcher sich im Zentrum des Netzwerkes befindet. Die weiteren Haplotypen sind sternförmig um den zentralen Haplotyp angeordnet, was darauf hindeutet, dass dieser der anzestrale Haplotyp in Europa ist, aus dem sich alle weiteren in der vorliegenden Studie nachgewiesenen Haplotypen entwickelt haben. Dies weist darauf hin, dass Echinococcus multilocularis bereits seit langem in weiten Teilen Europas vorkommt, einschließlich der sogenannten „neuen" Endemiegebiete. Das Auftreten spezifischer Haplotypen, welche ausschließlich in 1-2 Ländern vorkommen, weist auf die Ausbreitung des Parasiten in ursprünglich nicht endemische Regionen durch den Gründereffekt hin, worauf später in der vorliegenden Arbeit genauer eingegangen wird. Es ist anzunehmen, dass auch in diesen vermeintlich neuen endemischen Regionen, bzw. in deren relativer Nähe, der Fuchsbandwurm bereits seit längerer Zeit endemisch ist, jedoch beispielsweise aufgrund sehr geringer Prävalenzen anfangs nicht detektiert wurde. Um dies zu bestätigen wäre es sinnvoll, die hier verwendeten, sowie auch zusätzliche Isolate, mit weiteren mitochondrialen Markern und insgesamt längeren Sequenzen zu analysieren.

Eine ähnliche Situation mit einem dominanten Haplotyp fand sich auch in Russland (Konyaev et al. 2013). Dort wurden Proben von Echinococcus multilocularis mit der vollständigen Sequenz des cox1-Gens analysiert. Die dabei nachgewiesenen

Haplotypen ließen sich allen von Nakao *et al.* (2009) beschriebenen Clustern zuordnen. Ein dem asiatischen Cluster zugeordneter Haplotyp fand sich in 62,5% der untersuchten Proben (Konyaev *et al.* 2013). Das in der genannten Studie dargestellte Haplotypen-Netzwerk für das asiatische Cluster ähnelt deutlich dem für die vorliegende Arbeit erstellten Netzwerk (siehe Abbildung 26, Punkt 3.1.4.).

Auch wenn in der vorliegenden Arbeit ein Haplotyp eindeutig dominant gegenüber den weiteren Haplotypen auftrat, so konnten einzelne Haplotypen nur in 1 oder 2 Ländern beschrieben werden (siehe Punkt 4.3.). Allgemein war das Vorkommen der Haplotypen und somit die genetische Diversität ungleichmäßig über die untersuchten Länder verteilt und die größte Anzahl Haplotypen wurde nicht ausschließlich im historischen Fokus Europas nachgewiesen. Stattdessen wurde die gleiche hohe Anzahl (insgesamt 4 verschiedene Haplotypen) auch in der östlichen Slowakei beschrieben. In Österreich und Teilen Frankreichs wurde dagegen dieselbe geringere Zahl Haplotypen (n = 2) nachgewiesen, wie im Süden Polens und der westlichen Slowakei, während mit nur je einem Haplotyp die geringste Diversität in einem französischen Département, dem Norden Polens und Bayern belegt wurde, wobei Bayern ebenfalls zum historischen Fokus zählt. Damit lässt sich nicht belegen, dass eine Ausbreitung des Parasiten vom historischen Fokus in die umgebenden Regionen stattgefunden hat. Vielmehr scheint eine seit langer Zeit vorhandene Verbreitung über weite Teile Europas denkbar.

Wie die Ergebnisse der vorliegenden Arbeit zeigen, hat sich in einzelnen Regionen Europas eine höhere genetische Diversität bei *Echinococcus multilocularis* entwickeln können. Hier wurden mithilfe mitochondrialer Daten drei „Hotspots" mit hoher Diversität gefunden: der Kanton Zürich in der Schweiz, Baden-Württemberg in Deutschland und der östliche Teil der Slowakei. Auch kann man Luxemburg als weiteren Hotspot ansehen, da dort in nur 10 untersuchten Isolaten 3 verschiedene Haplotypen nachweisbar waren.

Auffällig ist, dass der in allen Regionen häufigste Haplotyp im Hotspot Zürich (Schweiz) nicht dominiert. Stattdessen kommt dieser Haplotyp genauso häufig vor, wie zwei der drei weiteren hier belegten Haplotypen. Der Schweizer Fokus scheint besonders alt und stabil zu sein, da die hohe Diversität der Haplotypen und deren quantitative Verteilung (ohne dominierenden zentralen Haplotyp) nicht mehr auf einen rezenten Gründereffekt hinweist.

Der Hotspot in der östlichen Slowakei zeigt sich wie folgt: Der dominante Haplotyp kommt hier in 10 Isolaten vor, die weiteren Haplotypen jeweils in 9, 6 und 5 Isolaten. Auch hier ist der Unterschied in der Häufigkeit des Vorkommens der Haplotypen damit gering, weshalb auch hier von einem über lange Zeit stabil vorhandenen Vorkommen des Parasiten auszugehen ist. Außerdem gibt es einen spezifischen Haplotyp, der sowohl in der östlichen Slowakei, als auch in Süd-Polen auftritt, jedoch sonst in keiner weiteren Region nachgewiesen werden konnte. Zwischen Populationen der Slowakei und Polens wird also ein gewisser Austausch vorhanden sein.

Es ist davon auszugehen, dass weitere Regionen mit höherer Diversität in Europa existieren. Um diese nachzuweisen müssten flächendeckend Füchse in allen endemischen Ländern auf Befall mit dem Fuchsbandwurm untersucht und die Haplotypen isolierter Würmer bestimmt werden.

Zu beachten ist, dass bei der vorliegenden Arbeit nicht aus jedem Land dieselbe Anzahl an Isolaten zur Verfügung stand, bzw. ein Ergebnis brachte, wie eben für Luxemburg erwähnt. Da eine besonders hohe oder geringe Anzahl an Isolaten sich auch auf die Anzahl von Haplotypen auswirken könnte, ist es sinnvoll, die Anzahl der Isolate bei der Berechnung der Diversität mit einbeziehen. Nei (1987) entwickelte zur Berechnung der Haplotypen-Diversität eines Landes eine Formel. Diese Berechnung wurde auch in der vorliegenden Dissertation verwendet, um die pro Land nachgewiesenen Haplotypen ins Verhältnis zur Anzahl an untersuchten Isolaten des jeweiligen Landes zu setzen. Je näher der hierbei erhaltene Wert bei 1 liegt, desto höher ist die genetische Diversität. War allein auf die Anzahl nachgewiesener Haplotypen bezogen die Diversität in Deutschland, der Schweiz und der Slowakei mit 4 Haplotypen am höchsten, gefolgt von Polen, Tschechien, Frankreich und Luxemburg mit je 3 Haplotypen und Österreich mit 2 Haplotypen, so zeigt sich nach Berechnung der Hd ein anderes Bild. Danach ist die Diversität in der Schweiz (Hd = 0,724) zwar immer noch am höchsten, nun jedoch gefolgt von Frankreich (Hd = 0,589), der Slowakei (Hd = 0,582), Tschechien (Hd = 0,533), Polen (Hd = 0,484) und Luxemburg (Hd = 0,416). In Deutschland und Österreich ist nach dieser Berechnung die Diversität deutlich geringer mit einer Hd von 0,059 (Deutschland) bzw. 0,082 (Österreich). Insgesamt sind die Werte für Frankreich, die Slowakei, Tschechien und Polen recht ähnlich, während die Schweiz nach oben und die Werte für Deutschland und Österreich deutlich nach unten abweichen. Auch diese Daten lassen keine gezielte Ausbreitungsrichtung von *Echinococcus multilocularis* in Europa erkennen.

Da andere Studien zur genetischen Diversität von *E. multilocularis* nur die Anzahl nachgewiesener Haplotypen zur Auswertung heranziehen und diese nicht in Relation zur verwendeten Probenmenge setzen, gibt es keine vergleichenden Daten bezüglich der Haplotypendiversität. Diese wird aktuell fast ausschließlich bei Untersuchungen von *Echinococcus granulosus* sensu lato verwendet (Yanagida *et al.* 2012, Casulli *et al.* 2012).

4.3. EmsB

Nachdem die ersten Studien zur genetischen Diversität von *Echinococcus multilocularis* mit mitochondrialen Markern durchgeführt wurden (Bowles *et al.* 1992, Bowles & McManus 1993), kamen kurz darauf erstmals auch Mikrosatelliten zum Einsatz (Bretagne *et al.* 1996). Mikrosatelliten sind kurze, nicht kodierende, sich tandemartig wiederholende Sequenzabschnitte von nicht mehr als 6 Basen Länge. Sie wurden bisher in allen untersuchten eukaryotischen Organismen gefunden und sind hoch polymorph. Der hohe Grad an Polymorphismus kommt von der Variabilität in der Anzahl ihrer Wiederholungen (Goldstein & Schlötterer 1999; Bart *et al.* 2006). Dabei gibt es single-locus und multi-locus Mikrosatelliten. Erstere sind nur einmal im Genom vorhanden, während die anderen über das gesamte Genom verteil sind. Obwohl aufgrund ihres hohen Grades an Polymorphismus erwartet wurde, dass sich mit Mikrosatelliten-Markern eine höhere genetische Diversität bei *Echinococcus multilocularis* nachweisen lässt, wurden diese Erwartungen anfangs nicht erfüllt.

Bretagne *et al.* (1991) isolierten den multilocus-Mikrosatelliten U1snRNA und setzten diesen später zur Untersuchung von 41 Isolaten von *E. multilocularis* ein (Bretagne *et al.* 1996). Von diesen stammten 30 Isolate aus Europa, 8 aus Nordamerika und 3 aus Japan. Es konnten drei genetische Profile unterschieden werden (Profil A in Proben aus Frankreich, Deutschland, der Schweiz und Alaska, Profil B in Alaska und Japan und Profil C in Alaska und Montana, USA), die eine ähnliche geographische

Verbreitung haben, wie die von Bowles *et al.* (1992) und Bowles & McManus (1993) beschriebenen mitochondrialen Haplotypen. Innerhalb einzelner Länder ließen sich Isolate mit diesem Marker jedoch nicht differenzieren (Bretagne *et al.* 1996). U1snRNA scheint sich für die Genotypisierung des Parasiten zu eignen, nicht jedoch für Populationsgenetik (Nakao *et al.* 2003). Mit den single-locus-Mikrosatelliten EMms1 und EMms2 zeigte sich, dass bei *E. multilocularis* Kreuzbefruchtung mit resultierender Heterozygosität vorkommen kann. Außerdem ließen sich Mischinfektionen in Füchsen nachweisen. Der trotzdem gemessene hohe Grad an Homozygosität erklärt sich durch die asexuelle Proliferation des Larvenstadiums, sowie Autogamie und Geitonogamie durch klonale Individuen (Nakao *et al.* 2003).

Da die ersten Studien mit Mikrosatelliten vielversprechende Ergebnisse erzielten, aber nicht in der Lage waren, eine höhere genetische Diversität beim Fuchsbandwurm nachzuweisen, als mit mitochondrialen Markern, wurde nach einem Mikrosatelliten mit hoher Unterscheidungskraft gesucht. Dieser fand sich 2006 in dem multilocus-Mikrosatelliten EmsB, welcher auch in der vorliegenden Arbeit zum Einsatz kam. Dabei konnten in 35 Proben aus der Schweiz, Alaska und Kanada insgesamt 25 Haplotypen bzw. Profile nachgewiesen werden. Dieser Marker ließ erstmals eine Unterscheidung von Isolaten aus demselben Land zu (Bart *et al.* 2006). EmsB zeichnet sich aus durch seine hohe Stabilität, große Trennschärfe und die Möglichkeit, Isolate nach geographischer Herkunft zu unterscheiden (Bart *et al.* 2006, Knapp *et al.* 2007).

Knapp *et al.* (2007) verwendeten vier verschiedene Mikrosatelliten-Marker zur Untersuchung der genetischen Diversität des Fuchsbandwurms, in der Hoffnung, damit Hinweise auf mögliche Verbreitungswege des Parasiten zu erhalten. Sie untersuchten dazu 76 Proben aus Alaska, Kanada, Europa und Asien mit EmsB und den single-locus-Mikrosatelliten EmsJ, EmsK und NAK1 (letzterer ursprünglich EMms1 aus der Veröffentlichung von Nakao *et al.* (2003)). Nachweisen konnten sie hier zwei Haplotypen mit EmsJ, drei mit EmsK, 7 mit NAK1 und 29 mit EmsB. Die Marker EmsJ und EmsK konnten die europäischen von den nordamerikanischen und asiatischen Isolaten unterscheiden, während EmsB eine Einordnung in geographische Cluster ermöglichte.

In einer umfangreichen Studie mit EmsB, die sich ausschließlich auf Europa konzentrierte, wurden von Knapp *et al.* (2009) insgesamt 571 Isolate untersucht. Dabei konnten 32 verschiedene EmsB-Profile nachgewiesen werden (Knapp *et al.*

2009). Wie oben bereits beschrieben führte diese hohe Diversität zur Beschreibung der möglichen Ausbreitungsrichtung des Parasiten in Europa anhand der sogenannten „mainland-island-Hypothese". Diese Hypothese konnte in der eben genannten Studie mit dem Marker EmsB dadurch belegt werden, dass sich 19 Profile in der Schweiz und 11 in Deutschland nachweisen ließen, gefolgt von Tschechien mit 9 und Österreich mit 8 Profilen. In den als neue Endemiegebiete angesehenen Ländern konnten weniger Profile nachgewiesen werden. Dabei fanden sich 6 Profile in Frankreich, 4 in Polen, 3 in der zentralen Slowakei und 8 in den sowohl zu Polen als auch der Slowakei zählenden Gebieten der hohen Tatra (Knapp *et al.* 2009).

EmsB ist heute der am häufigsten verwendete Mikrosatelliten-Marker zur Untersuchung der genetischen Diversität bei *Echinococcus multilocularis*. In anderen Arbeiten wurde dieser jedoch unter anderen Gesichtspunkten verwendet, die sich von den Zielen der vorliegenden Arbeit unterscheiden. In einer Studie konnte Knapp (2008) mithilfe des Markers EmsB genetische Unterschiede des Parasiten in lokal eng begrenzten Mäusepopulationen feststellen und nachweisen, dass die Infektion der Mäuse jeweils von einem einzelnen infizierten Fuchs verursacht wurde (Knapp 2008). Mit diesem Marker wurde außerdem ein autochthoner Fokus des Parasiten im Norden Italiens nachgewiesen, wobei die Isolate dem „europäischen Cluster" zugeordnet werden konnten (Casulli *et al.* 2009). Nachdem *Echinococcus multilocularis* auf der zu Norwegen gehörenden Inselgruppe Spitzbergen nachgewiesen wurde, hat man Isolate aus dieser Region mit EmsB untersucht, um zu klären, von wo der Parasit eingeschleppt wurde. Dabei zeigten sich größere genetische Übereinstimmungen zu Isolaten von St. Lawrence Island, Alaska, als zu Isolaten vom europäischen Festland (Knapp *et al.* 2012).

Der Mikrosatelliten-Marker EmsB wird somit zur Beantwortung unterschiedlicher Fragestellungen bei *Echinococcus multilocularis* eingesetzt, u.a. zur Untersuchung der genetischen Diversität, der Klärung der Herkunft von Individuen des Parasiten, sowie dessen Verbreitung in Europa. Mikrosatelliten sind für verschiedenste genetische Analysen geeignet und werden daher nicht nur für Studien über *Echinococcus multilocularis*, sondern in vielen unterschiedlichen Bereichen eingesetzt. So kommen diese auch bei anderen Parasiten zum Einsatz, beispielsweise zur Unterscheidung von Unterarten von *Leishmania infantum* (Bulle *et al.* 2002). Seit den 1980er Jahren kommen Mini- und Mikrosatelliten als sogenannter

Diskussion

„genetischer Fingerabdruck" in der Forensik und bei Vaterschaftstests zum Einsatz (Jeffreys *et al.* 1985; Tautz 1989). Auch in der Populationsgenetik fanden Mikrosatelliten Verwendung, u.a. um Koloniestrukturen der Argentinischen Ameise (*Linepithema humile*) in alten und neuen Endemiegebieten zu untersuchen (Tsutsui & Case 2001). Dies sind nur einige wenige Beispiele der vielfältigen Verwendungsmöglichkeit von Mikrosatelliten als genetische Marker.

Der überwiegende Teil der in der vorliegenden Arbeit verwendeten Isolate stammt aus der vorher beschriebenen Studie von Knapp *et al.* (2009). Hier wurden jedoch nur EmsB-Daten von den Proben verwendet, für die auch mit den mitochondrialen Markern Ergebnisse erzielt werden konnten. Daher fallen hier einzelne EmsB-Profile weg, die bei Knapp *et al.* (2009) beschrieben werden. Allerdings wurden in den aus dem FG Parasitologie stammenden Isolaten, welche ebenfalls mit EmsB untersucht wurden, 2 bisher nicht bekannte Profile nachgewiesen. Trotzdem sind die hier erhaltenen Ergebnisse denen aus der Studie von Knapp *et al.* (2009) sehr ähnlich und mit diesen gut vergleichbar.

Insgesamt konnten in den in der vorliegenden Dissertation verwendeten 555 Isolaten 33 Profile des Mikrosatelliten EmsB belegt werden. Damit ist die mit diesem Marker festgestellte genetische Diversität deutlich höher, als mit den oben genannten mitochondrialen Markern atp6, cox1 und nd1 nachgewiesen werden konnte. Auch war die genetische Diversität, also die Anzahl hier beschriebener Profile, etwas anders verteilt. Mit 13 Profilen wurde die höchste Anzahl in Zürich belegt, gefolgt von Baden-Württemberg mit 11 und Bayern mit 10 Profilen. In Österreich, Tschechien und dem Süden Polens konnte mit 8, 7 und 6 Profilen ein mittlerer Wert festgestellt werden, während im Norden Polens, der Slowakei und Frankreich mit 1-4 Profilen die geringste Diversität gefunden wurde. Tendenziell ist dabei eine Abnahme der Diversität vom historischen Kern (Schweiz, Süddeutschland und Österreich) nach außen zu beobachten.

Im Vergleich zu den mitochondrialen Ergebnissen tritt für EmsB nicht ein dominantes Profil auf, sondern es gibt vier Profile, die jeweils in einer höheren Probenzahl nachweisbar waren. Auch waren diese Profile nicht in allen untersuchten Ländern und Regionen nachweisbar, sondern jeweils nur in 4-5 der Länder.

Eine nach ähnlichen Gesichtspunkten durchgeführte Studie wurde in Frankreich durchgeführt (Umhang *et al.* 2014), in der die oben beschriebene mainland-island-

Hypothese (Knapp *et al.* 2009) mithilfe des Markers EmsB ebenfalls beschrieben werden konnte. Dabei untersuchten Umhang *et al.* (2014) 383 Proben aus 128 Füchsen und fanden 22 Haplotypen. Hier nahm die genetische Diversität vom historischen Fokus (die Region um die Départements Jura, Savoie, Doubs und Ain) Richtung Nordwesten ab, wobei gleichzeitig im Norden und Westen je ein dominantes Profil gefunden wurde, was auf einen Gründereffekt und auf eine erst kürzlich erfolgte Ansiedlung des Parasiten im Nordwesten hinweist. Es ist jedoch nicht auszuschließen, dass der Parasit auch von Deutschland und Belgien her in die französischen Grenzregionen eingeschleppt wurde (Umhang *et al.* 2014). Leider ist kein direkter Vergleich zwischen den Arbeiten von Knapp *et al.* (2009) und Umhang *et al.* (2014) möglich, da im zweiten Fall eine andere Bezeichnung für dieselben Profile verwendet wurde. Da keine Daten in der GenBank verfügbar sind bleibt unklar welche Profile aus der ersten Studie später in Frankreich im Einzelnen gefunden wurden.

Auch für die mit dem Mikrosatelliten-Marker EmsB erhaltenen Ergebnisse wurde die Haplotypen-Diversität nach Nei (1987) berechnet, um die Anzahl der untersuchten Isolate eines Landes ins Verhältnis zu den dort nachgewiesenen Profilen zu setzen. Hier ergibt sich nach dieser Berechnung ebenfalls ein anderes Bild, wie schon bei den Ergebnissen für die mitochondrialen Marker. Während alleine auf die Anzahl der Profile bezogen die Diversität mit 16 Profilen in Deutschland am höchsten war, gefolgt von der Schweiz mit 13 Profilen, Polen mit 9, Österreich mit 8, Tschechien mit 7 Profilen und Frankreich und die Slowakei mit 6 bzw. 5 Profilen, so ändert sich für die Hd die Reihenfolge teils deutlich. Nun zeigt die Schweiz die höchste Diversität mit einer Hd von 0,919, gefolgt von Deutschland (Hd = 0,898) und Frankreich (Hd = 0,816). Mit geringem Abstand folgen Österreich (Hd = 0,791), Tschechien (Hd = 0,783), Polen (Hd = 0,759) und die Slowakei (Hd = 0,620). Insgesamt zeigen sich nach dieser Berechnung keine so großen Unterschiede zwischen den Werten der einzelnen Länder, wie bei den mitochondrialen Markern. Außerdem lässt sich aufgrund dieser geringen Unterschiede nur eine Tendenz in Richtung mainland-island-Hypothese erkennen, aber kein eindeutiger Beleg dafür.

Diskussion

4.4. Die genetische Diversität von *Echinococcus multilocularis* in Europa

4.4.1. Vergleich der Ergebnisse der beiden Markersysteme

Bereits in früheren Studien wurden sowohl mitochondriale als auch nukleäre Gene oder Mikrosatelliten für die Untersuchung derselben Isolate von *Echinococcus* spp. verwendet. So untersuchten beispielsweise Knapp *et al.* (2008) 140 Würmer von *E. multilocularis* aus Frankreich mit den Mikrosatelliten EmsB und NAK1 und dem mitochondrialen Marker atp6. Dabei konnten sie für alle Isolate mit EmsB Ergebnisse erzielen, mit NAK1 für 125 der 140 Proben. Mit atp6 wurden jedoch nur 32 der 140 Isolate untersucht, so dass es keine Ergebnisse für jede Probe mit allen drei Markern gibt. Insgesamt erwies sich in dieser Studie EmsB als der Marker mit der höchsten Variabilität, gefolgt von NAK1 und atp6 (Knapp *et al.* (2008).

Ein Vergleich, bei dem jedes Isolat sowohl mit einem mitochondrialen als auch mit einem Mikrosatelliten-Marker untersucht wurde, ist erstmals in der vorliegenden Dissertation konsequent durchgeführt worden. Proben, bei denen nicht für beide Markersysteme Ergebnisse erzielt werden konnten, wurden in der vergleichenden Auswertung nicht berücksichtigt. Somit konnte für 507 der 661 untersuchten Isolate ein direkter Vergleich von EmsB und den zusammengefügten Sequenzen der mitochondrialen Marker durchgeführt werden. Dabei zeigen sich klare Unterschiede in den Ergebnissen der beiden Markersysteme. Der Mikrosatelliten-Marker konnte mit 33 Profilen deutlich mehr genetische Unterschiede aufzeigen, als die mitochondrialen Marker mit 13 Haplotypen. Dies stimmt mit vorhergehenden Studien überein, in denen sich mit mitochondrialen Markern, bis auf wenige Ausnahmen (Konyaev *et al.* 2013, Gesy *et al.* 2014), nur wenige Haplotypen nachweisen ließen (Haag *et al.* 1997, Šnàbel *et al.* 2006, Knapp *et al.* 2008, u.a.), wogegen EmsB eine deutlich größere Anzahl an Profilen aufzeigte (Bart *et al.* 2006, Knapp *et al.* 2009, u.a.).

Einer der mitochondrialen Haplotypen fand sich in allen untersuchten Ländern und in der größten Zahl der Isolate, wogegen 4 der EmsB-Profile häufiger vorkamen als die anderen und weiterverbreitet waren, jedoch nur in 4-5 der untersuchten Länder nachgewiesen werden konnten. Knapp *et al.* (2009) beschreiben für EmsB ähnliche Ergebnisse und führen diese darauf zurück, dass Europa insgesamt als ein Fokus betrachtet werden sollte, innerhalb dessen ein Austausch zwischen Populationen des

110

Fuchsbandwurms über die Wanderungen seines Endwirtes, des Rotfuchses, zustande kommt (Knapp *et al.* 2009).

Beim direkten Vergleich der Ergebnisse der Markersysteme zeigten sich Korrelationen zwischen dem häufigsten mitochondrialen Haplotyp und verschiedenen EmsB-Profilen. Zwischen anderen Haplotypen und Profilen waren eindeutige Korrelationen (auch aufgrund der geringen Zahl von Isolaten einzelner Haplotypen) nicht erkennbar.

Insgesamt sind zwar klare Unterschiede zwischen den Ergebnissen der beiden hier verwendeten Markersysteme erkennbar, jedoch gibt es keine signifikanten Differenzen bezüglich der Verbreitung der mitochondrialen Haplotypen bzw. EmsB-Profile. Und auch wenn die genetische Diversität, welche hier mithilfe mitochondrialer Marker beschrieben werden konnte, geringer ausfällt, als die mit dem Mikrosatelliten-Marker nachgewiesene, so konnten doch 13 mitochondriale Haplotypen nachgewiesen werden, was bisher nicht vorhandene Einblicke in die genetische Diversität von *Echinococcus multilocularis* in Europa gibt.

Strenge Korrelationen zwischen den beiden Markersystemen waren nicht zu erwarten, da das nukleäre und das mitochondriale Genom eine unterschiedliche Evolution aufweisen und bei wiederholter Einkreuzung fremder Genotypen das nukleäre Genom teilweise oder vollständig ausgetauscht werden kann. Da die mitochondriale DNA von *Echinococcus multilocularis* haploid ist, in hoher Kopienzahl vorliegt und eine schnelle Evolution ohne Rekombination aufweist, ist sie als genetischer Marker für diesen Parasiten gut geeignet. Jedoch wird die mtDNA nur maternal vererbt. Unterscheidet sich die maternale Evolution von der der Art, dann können Untersuchungen der mtDNA nicht die Evolution der gesamten Spezies aufdecken (Saarma *et al.* 2009). Saarma *et al.* (2009) empfehlen für phylogenetische Untersuchungen einer Art immer nukleäre Gene zu verwenden, um dieses Problem zu umgehen. Das nukleäre Genom wird, im Unterschied zum mitochondrialen, nicht ausschließlich maternal vererbt. Außerdem kommt in diesem Rekombination vor und die Mutationsrate ist deutlich geringer.

4.4.2. Mischinfektionen

In der vorliegenden Arbeit wiesen 5% der untersuchten Füchse Mischinfektionen mit 2 bzw. 3 mitochondrialen Haplotypen auf, mit EmsB ließen sich in 27,5% der Füchse Mischinfektionen, ebenfalls mit 2-3 Profilen je Tier, nachweisen. Es ist anzunehmen, dass Mischinfektionen deutlich häufiger auftreten, als die hier erhaltenen Daten zeigen, da nur 5 Würmer aus jedem Fuchs untersucht wurden. Knapp *et al.* (2008) konnten zeigen, dass sich, je mehr Würmer pro Fuchs untersucht werden, auch entsprechend mehr EmsB-Profile nachweisen lassen.

Der Nachweis von Mischinfektionen ist in Übereinstimmung mit vorhergehenden Studien, in denen ebenfalls verschiedene Haplotypen von *Echinococcus multilocularis* in Füchsen nachgewiesen werden konnten. Bei einer Untersuchung von adulten Würmern aus 25 Füchsen mit den Mikrosatelliten-Markern EmsB und NAK1 konnten in 13 Tieren (52%) in Frankreich Mischinfektionen mit 2 oder mehr Profilen beschrieben werden (Knapp *et al.* 2008). Ebenfalls in Frankreich wurden bei 18 von 128 Füchsen (14,1%) Mischinfektionen mit 2-4 EmsB-Profilen festgestellt (Umhang *et al.* 2014). In Europa wiesen 35% von 123 Füchsen aus verschiedenen Ländern anhand einer Untersuchung mit EmsB Mischinfektionen mit 2 oder 3 Profilen auf (Knapp *et al.* 2009). Interessanterweise konnte in Kanada in 40 Endwirten (28 Kojoten, 12 Wölfe), welche eine Infektion mit *E. multilocularis* aufwiesen, keine Mischinfektion festgestellt werden, obwohl mit einem Fragment von nd1 (370bp) hier 17 Haplotypen nachgewiesen werden konnten (Gesy *et al.* 2014). Eine Erklärung hierfür könnte die zwischen den Studien verschiedene Zahl untersuchter Würmer pro Tierwirt sein. Für jedes positiv auf *E. multilocularis* getestete Tier in dieser Studie wurden nur 3 Würmer genetisch untersucht, von denen nicht jeder ein verwertbares Ergebnis brachte, sodass schließlich nur ein oder zwei Sequenzen je Wirt verwertet werden konnten (Gesy *et al.* 2014).

Für das Vorkommen von Mischinfektionen in End- oder Zwischenwirten von *E. multilocularis* spielen verschiedene Faktoren eine Rolle: Zum einen führt eine Infektion mit dem Larvenstadium von *Echinococcus multilocularis* nicht zu einer protektiven Immunität des Endwirts, so dass eine erneute Infektion möglich ist, bei der es zur Aufnahme weiterer Haplotypen kommen kann (Schurer *et al.* 2014). Damit es zu einer Mischinfektion in Zwischenwirten kommt müssen diese entweder mit dem Kot mehrerer Füchse in Kontakt kommen, die jeweils mit einem Haplotyp infiziert waren, oder mit dem Kot eines Fuchses, der selber eine Mischinfektion trug. Da der Lebensraum von Wühlmäusen ca. 500 m^2 beträgt, ist es notwendig, dass Füchse genau in diesem Gebiet ihren Kot hinterlassen, damit Mäuse sich mit Eiern des Parasiten infizieren können (Guislain et al. 2007).

Füchse sind omnivor, Mäuse machen jedoch mit ca. 30% den Hauptbestandteil der Nahrung aus (Guislain et al. 2008). Dabei hängt die Anzahl gefressener Mäuse von deren Verfügbarkeit und saisonalen Bedingungen ab (Hegglin et al. 2007; Guislain et al. 2008). Bekannt ist, dass die Prävalenz in Mäusen in Europa mit durchschnittlich etwa 1% (Eckert et al. 2001) insgesamt eher gering ausfällt, jedoch in einzelnen Regionen sehr unterschiedlich ist und Mikro-Fokusse mit deutlich höheren Prävalenzen existieren (Guislain et al. 2007; Burlet et al. 2011).

Damit Mischinfektionen in Endwirten vorkommen, müssen diese eine Vielzahl von Mäusen fressen, die ihrerseits mit verschiedenen Haplotypen, oder Profilen infiziert sind. Legt man zugrunde, dass die Prävalenz in Mäusen in Europa durchschnittlich bei 1% liegt (Eckert et al. 2001), dann muss ein Fuchs etwa 100 Mäuse fressen, um sich mit Echinococcus multilocularis zu infizieren. Bei einer ungefähren Lebensdauer eines adulten Wurms von 2 Monaten (Eckert et al. 2001) ist es nötig, dass ein Fuchs mehrere infizierte Mäuse pro Monat frisst, damit die Möglichkeit einer Mischinfektion gegeben ist. Bekannt ist, dass ein Fuchs pro Jahr zwischen 2000 und 7000 Mäusen fängt (Giraudoux 1991), somit lässt sich im Durchschnitt von etwa 300 gefressenen Mäusen pro Monat ausgehen. Daher ist es theoretisch möglich, dass dabei Mäuse mit verschiedenen Haplotypen gefressen werden und sich Mischinfektionen in Füchsen nachweisen lassen.

Die in der vorliegenden Arbeit nachgewiesenen Mischinfektionen waren relativ gleichmäßig über das Untersuchungsgebiet verteilt, wobei diese in Regionen mit höherer Diversität entsprechend etwas gehäufter auftraten. Für die mitochondrialen Marker traten die meisten Mischinfektionen in der östlichen Slowakei auf, während in Deutschland, Österreich und Frankreich keine Mischinfektionen nachgewiesen werden konnten.

4.4.3. Andere Wirtstiere

Die meisten der zur genetischen Diversität von *Echinococcus multilocularis* durchgeführten Studien verwenden ausschließlich Isolate aus End- und Zwischenwirten, selten werden humane Isolate untersucht (Bretagne *et al.* 1996, Haag *et al.* 1997, Knapp *et al.* 2007, Gesy *et al.* 2014). Der Hauptteil der Isolate stammt dabei von Füchsen, sowie *Microtus* spp. und *Arvicola* spp. In der vorliegenden Arbeit ergab sich die Gelegenheit neben Isolaten aus Füchsen auch Proben aus Bisamen aus Luxemburg, sowie aus Nutrias aus dem Oberrheintal zu untersuchen. Die *Nutria*-Isolate brachten jedoch keine ausreichend verwertbaren Ergebnisse, da nur mit 1-2 der untersuchten Gene verwertbare Sequenzen erhalten wurden. Diese zeigten zwar den für das jeweilige Gen dominanten Haplotyp, jedoch kann nicht sicher davon ausgegangen werden, dass auch für die anderen Gene der dominante Haplotyp nachgewiesen worden wäre. Deshalb wird auf diese Proben hier nicht näher eingegangen.

In den Bisamen konnte hier mit den drei mitochondrialen Markern atp6, cox1 und nd1 neben dem oben beschriebenen dominanten Haplotyp auch derselbe spezifische Haplotyp belegt werden, der in Füchsen im benachbarten Frankreich nachgewiesen wurde. Das deutet darauf hin, dass es keinen an ein bestimmtes Wirtstier angepassten Haplotyp gibt, sondern das Muster der Haplotypen geographisch definiert ist. Dies wird durch eine Reihe weiterer Studien bestätigt: Ebenfalls in Frankreich wurden Isolate aus Nutrias und Lemuren eines Zoos, bei denen eine Infektion mit *Echinococcus multilocularis* festgestellt wurde, mit EmsB untersucht. Es zeigte sich, dass ein identisches Profil in Nutrias und zudem in Füchsen der näheren Umgebung des Zoos auftrat und ein weiteres Profil in Lemuren und Mäusen aus dem Umfeld des Zoos (Umhang *et al.* 2016). Als 2009 in Kanada bei einem Hund alveoläre Echinokokkose diagnostiziert wurde, gab es im Anschluss an die Diagnose genetische Untersuchungen des Zystenmaterials, um die Frage zu klären, wo der Hund sich infiziert haben könnte. Dabei konnte sowohl mit mitochondrialen Markern (nd1, nd2, cob, cox1), als auch mit dem Mikrosatelliten EmsB ein zum europäischen Cluster zählender Haplotyp belegt werden (Peregrine *et al.* 2012, Jenkins *et al.* 2012). Eine Folgeuntersuchung konnte denselben mitochondrialen Haplotyp in Kojoten in einem Umkreis um die Region belegen, in denen der mit AE infizierte Hund lebt (Gesy *et al.* 2013). Weitere Studien, die ebenfalls unterschiedliche Wirtsorganismen untersuchten, zeigten ähnliche Ergebnisse. Mit einem Fragment von cox1 (391bp) untersuchte Graurötelmäuse, Schweine, Ratten und Nordische Wühlmäuse aus Japan und St. Lawrence Island, Alaska, wiesen denselben Haplotyp von *E. multilocularis* auf (Okamoto *et al.* 1995 und 2007). Auch in Russland konnte in Isolaten von Menschen, sowie Rotfuchs, Schmalschädel-Wühlmaus, Nordischer Wühlmaus und Graurötelmaus aus Russland mit der vollständigen Sequenz von cox1 ein identischer Haplotyp des Fuchsbandwurms nachgewiesen werden (Konyaev *et al.* 2013). Somit weisen auch diese Studien darauf hin, dass Haplotypen im Allgemeinen nicht an einen bestimmten Wirtsorganismus angepasst sind. Der Haplotyp des Clusters der Inneren Mongolei (Nakao *et al.* 2009) konnte ebenfalls in unterschiedlichen Wirtsorganismen nachgewiesen werden. Dieser fand sich in Wölfen (Ito *et al.* 2013), Rotfüchsen (Konyaev *et al.* 2013), Steppenfüchsen (Tang *et al.* 2007), Wühlmäusen (Konyaev *et al.* 2013) und Menschen (Ito *et al.* 2010).

4.4.4. Geographische und genetische Hintergründe

Die in der vorliegenden Arbeit für *Echinococcus multilocularis* nachgewiesene genetische Diversität war für beide Markersysteme ungleichmäßig über Europa verteilt. Dabei konnte für EmsB eine leicht höhere Diversität im ursprünglichen Fokus des Parasiten beschrieben werden, welche Richtung Osten und Westen etwas geringer ausfiel. Für die mitochondrialen Marker fanden sich dagegen einzelne Hotspots mit höherer Diversität sowohl im historischen Fokus, als auch in der Peripherie.

Gründe für das Auftreten von höherer Diversität in einzelnen Gebieten sind nicht bekannt. Eine höhere Diversität mitochondrialer Haplotypen in den oben beschriebenen „Hotspots" deutet darauf hin, dass sich der Parasit in dieser Region bereits vor langer Zeit etabliert und die dortige Population über einen langen Zeitraum ohne Unterbrechung existiert hat. In diesem Zeitraum können aus dem dominanten Haplotyp lokal weitere Haplotypen durch Mutationen entstanden sein, die sich im Genom etablieren konnten. Dies ist, wie beschrieben, für die Region um Zürich denkbar, wo scheinbar kaum ein Austausch zwischen Fuchspopulationen innerhalb und außerhalb des Stadtgebietes existiert (Wandeler *et al.* 2003; Deplazes *et al.* 2004) und daher davon auszugehen ist, dass hier von außen keine Haplotypen eingebracht wurden. Das Gegenteil wäre jedoch beispielsweise für die Slowakei denkbar, wohin in eine vorhandene Population von *Echinococcus multilocularis* ein Haplotyp aus Polen durch die Wanderung von Füchsen eingeschleppt wurde, oder umgekehrt.

Auffällig ist allgemein das in der vorliegenden Arbeit beschriebene ungleichmäßige Auftreten von spezifischen Haplotypen von *E. multilocularis* in Europa. Zusätzlich zum dominanten Haplotypen, der in jedem Land nachweisbar war, konnten 3 Haplotypen ausschließlich in der Schweiz beschrieben werden, 3 weitere nur in Deutschland und je ein Haplotyp nur in Frankreich und Luxemburg. Außerdem traten 3 Haplotypen jeweils in 2 Ländern auf und einer in 3 der 8 untersuchten Länder.

Eine Erklärung hierfür könnte im Verhalten der Endwirte des Parasiten und der Bekämpfung der Tollwut liegen. In Europa waren die Fuchspopulationen früher kleiner und Füchse hatten nur ein lokal begrenztes Vorkommen, wodurch entsprechend auch die Verbreitung des Parasiten begrenzt war. Mit der Bekämpfung der Tollwut kam es seit den 1990er Jahren zu einem deutlichen Anstieg der Fuchspopulationen (Chautan *et al.* 2000) und somit auch zu einer Ausbreitung des Parasiten in Europa. Die von Füchsen zurückgelegte Distanz ist dabei negativ korreliert mit der Populationsdichte, das heißt Füchse aus dünn besiedelten Regionen mit wenigen Nahrungsquellen wandern über größere Distanzen. Strecken, die dabei zurückgelegt werden, variieren deutlich zwischen den Geschlechtern und einzelnen Individuen. Männliche Tiere wandern dabei etwa 2,8-43,5 km, Weibchen etwa 1,8-38,6 km (EFSA AHAW Panel 2015). Diese recht großen Strecken, die von einzelnen Tieren zurückgelegt werden, können auch zeigen, dass eine Verschleppung einzelner Haplotypen in mehrere Länder möglich ist.

Durch diese Wanderungen könnten einzelne Haplotypen beispielsweise zwischen der Slowakei und Polen verschleppt worden sein. Zwei weitere in der östlichen Slowakei vorkommende Haplotypen konnten hier jedoch nicht im südlichen Polen nachgewiesen werden. Entweder kommen diese dort tatsächlich nicht vor, da sie bislang noch nicht von Füchsen bis nach Polen verbracht wurden, oder sie konnten nur in den in der vorliegenden Arbeit untersuchten Proben nicht nachgewiesen werden. Ähnliche Ergebnisse zeigten sich in Frankreich und Luxemburg, wo ebenfalls ein spezifischer Haplotyp in Isolaten aus beiden Ländern nachgewiesen werden konnte, bislang jedoch nicht in anderen Regionen. Auch in diesem Fall bleibt anhand der hier erhobenen Daten unklar, ob dieser Haplotyp tatsächlich nur auf diese Regionen beschränkt ist, oder ob er auch in anderen Gegenden nachgewiesen werden kann.

Ein anderes Bild zeigt sich bei einem spezifischen Haplotyp, der hier zum einen sowohl in der östlichen als auch in der westlichen Slowakei beschrieben wurde, als auch im Westen von Tschechien. In diesem Fall ist das Verbreitungsgebiet des Haplotypen deutlich größer als in den vorher beschriebenen Fällen. Hier könnte eine Verschleppung durch Füchse möglich sein, wobei der Haplotyp über einen längeren Zeitraum immer weiterverbreitet wurde. Jedoch wäre es in diesem Fall auch denkbar, dass der Haplotyp generell weiterverbreitet ist, als in der vorliegenden Dissertation beschrieben. Sollte dies so sein konnte er hier nur in wenigen Proben nachgewiesen werden. Oder er ist in den anderen hier untersuchten Regionen ursprünglich ebenfalls vorgekommen, jedoch beispielsweise bei einem Zusammenbruch von Fuchspopulationen in allen weiteren Gebieten irgendwann ausgestorben.

Einige der EmsB-Profile konnten ebenfalls nur in 2 Ländern nachgewiesen werden. Auch hier konnten dabei Profile in weit voneinander entfernten Regionen beschrieben werden. So fand sich ein Profil ausschließlich in Frankreich und zudem im Norden Polens, ein weiteres in Deutschland und gleichzeitig in Südpolen und ein drittes in der Schweiz und dem südlichen Polen. Eine denkbare Erklärung hierfür ist dieselbe wie oben für die mitochondrialen Haplotypen beschrieben: Möglicherweise treten diese Profile auch in den dazwischenliegenden Regionen auf, waren aber in der vorliegenden Arbeit nicht nachweisbar, entweder, weil aus den entsprechenden Regionen keine Isolate untersucht wurden, oder weil in den hier untersuchten Isolaten diese Profile nicht auftreten. Auch ist es denkbar, dass diese Profile ursprünglich deutlich weiterverbreitet waren, es dann aber möglicherweise zu einem Zusammenbruch der Wirtspopulation in einzelnen Gebieten kam, wodurch die Profile nur an wenigen Stellen erhalten blieben. So wäre anzunehmen, dass das Profil, welches heute nur noch in Frankreich und dem Norden von Polen nachweisbar ist früher unter anderem auch in Deutschland und Tschechien vorkam, es dort später jedoch aus unbekannten Gründen ausgestorben ist. Jedoch ist nicht auszuschließen, dass es sich bei der Untersuchung weiterer Isolate dieser Regionen nachweisen ließe.

20 der hier beschriebenen Profile wurden jeweils nur in einem Land nachgewiesen. In der Schweiz und in Süddeutschland konnten die meisten spezifischen Profile

nachgewiesen werden. Süddeutschland wies dabei 7 spezifische Profile auf, die Schweiz 5. Darauf folgten Polen und Frankreich mit je 3 spezifischen Profilen, und Tschechien und die Slowakei mit je einem spezifischen Profil. Österreich wies als einziges Land keine spezifischen Profile auf. Das Vorkommen spezifischer Profile in nur einer Region könnte auf den sogenannten Gründereffekt zurückzuführen sein, wobei einzelne Profile oder Haplotypen von Wirten aus dem ursprünglichen Verbreitungsgebiet in ein neues gebracht werden. Dabei müssten die entsprechenden Profile allerdings jeweils im historischen Fokus, sowie zusätzlich in der Peripherie auftreten. Dies ist hier nicht der Fall, da diese 20 Profile jeweils nur in einem einzigen Land nachgewiesen werden konnten. Hierbei ist ebenfalls nicht auszuschließen, dass dieselben Profile noch in weiteren Regionen auftreten, jedoch in der vorliegenden Arbeit nicht nachgewiesen werden konnten. Um dies zu belegen müssten weitere Isolate aus den entsprechenden Regionen untersucht werden.

Wie oben beschrieben legen die in der vorliegenden Dissertation erhaltenen Daten nahe, dass der Fuchsbandwurm *E. multilocularis* sich nicht erst in den letzten Jahren über Europa ausgebreitet hat, sondern bereits länger in weiteren Teilen des Kontinents existiert, als bislang angenommen wurde. Durch fossile Belege von Rotfüchsen, Eisfüchsen und Wölfen weiß man, dass diese Karnivoren, die als Endwirte von *Echinococcus multilocularis* fungieren, bereits während der Eiszeit in weiten Teilen Europas vorkamen. Der Rotfuchs war bereits vor etwa 14000 Jahren in Europa weit verbreitet. Er zog sich während der stärksten Vereisung in eiszeitliche Refugien zurück und breitete sich von dort mit Beginn der wärmeren Perioden nach der Eiszeit wieder aus. Eisfüchse und Wölfe kamen dagegen auch außerhalb eiszeitlicher Refugien vor. Dabei ist belegt, dass das Verbreitungsgebiet des Rotfuchses im Hengelo-Denekamp-Interstadial, der letzten warmen Periode innerhalb der letzten Eiszeit, bis nach Südengland ausgedehnt war. In dieser Zeit kam er sympatrisch mit dem Eisfuchs vor (Sommer & Benecke 2005). Gleichzeitig gibt es Belege dafür, dass die Verbreitung kleiner Säugetiere, welche *E. multilocularis* als Zwischenwirte dienen, während des Kältemaximums nicht auf die Mittelmeer-Region beschränkt war, wie ursprünglich angenommen wurde. Stattdessen kamen diese während des Kältemaximums ebenfalls in Refugien vor, die sich über Mitteleuropa verteilten (Bilton *et al.* 1998). So geht man anhand von Fossilfunden, sowie genetischen Daten bei der Feldmaus (*Microtus arvalis*) davon aus, dass sie, unabhängig der klimatischen Bedingungen, selbst während des

118

Letzteiszeitlichen Maximums von Frankreich über Deutschland, die Schweiz und Österreich bis in die Slowakei, Ungarn und Rumänien in Refugien verbreitet war. Nach dem Ende der Eiszeit fand dann, ausgehend von diesen Refugien, eine relativ gleichmäßige Ausbreitung des Nagers in Europa statt (Tougard *et al.* 2008). Dies zeigt, dass eine Verbreitung von *Echinococcus multilocularis* über weite Teile Europas bereits seit dem Ende der letzten Eiszeit möglich gewesen ist.

Generell wird die Verbreitung des Parasiten auch heute noch durch das Vorkommen bzw. die Abwesenheit seiner Wirte begrenzt. In der Schweiz konnte gezeigt werden, dass im Kanton Ticino die südlichste Ausbreitung durch das Vorhandensein von *Microtus arvalis* limitiert ist (Guerra *et al.* 2014). Auch ist nicht eindeutig geklärt, ob tatsächlich erst in den letzten Jahren eine Ausbreitung innerhalb Europas stattgefunden hat, oder ob der Parasit schon deutlich länger über weite Teile des Kontinents verbreitet ist und er nur erst kürzlich in sogenannten „neuen" Endemiegebieten nachgewiesen wurde. Gründe für einen erst kürzlich erfolgten Nachweis trotz längeren Vorhandenseins des Parasiten sind sehr geringe Prävalenzen, oder höhere Aufmerksamkeit aufgrund von Fällen humaner AE. In Schweden beispielsweise wurden seit dem Jahr 2000 jährlich etwa 300 Füchse auf eine Infektion mit *Echinococcus multilocularis* untersucht, da der Parasit zu der Zeit im Nachbarland Dänemark erstmals nachgewiesen wurde und so auch ein Vorkommen in Schweden nicht ausgeschlossen werden konnte. Trotz dieser regelmäßigen Untersuchungen wurde erst im Jahr 2010 ein infizierter Fuchs in Schweden nachgewiesen. Bis heute wurden jedoch nur wenige infizierte Füchse in 4 Regionen des Landes nachgewiesen, die Prävalenzen sind insgesamt gering (Ostermann-Lind *et al.* 2011; Wahlström *et al.* 2015). Es lässt sich hier vermuten, dass die Prävalenzen unterhalb einer möglichen Nachweisgrenze liegen. Für Schweden wird davon ausgegangen, dass bei einer durchschnittlichen Prävalenz von 0,1% erst durch die Untersuchung von mehr als 3000 Füchsen innerhalb von 10 Jahren *E. multilocularis* schließlich nachgewiesen werden konnte, wobei nicht ausgeschlossen ist, dass dieser bereits in den Jahren vorher dort existiert hat (Wahlström *et al.* 2015). Dies könnte auch für weitere „neue" Endemiegebiete der Fall sein.

Natürlich findet eine gewisse Ausbreitung des Fuchsbandwurmes in Europa statt, insbesondere durch seinen Endwirt, den Rotfuchs, der, wie oben beschrieben, auf

Diskussion

der Suche nach Nahrung oder neuen Revieren weite Strecken zurücklegt (EFSA AHAW Panel 2015). Für die Niederlande konnte eine Ausbreitungsgeschwindigkeit von *E. multilocularis* von 2,7 km pro Jahr berechnet werden (Takumi *et al.* 2008). Hierbei ist jedoch zu beachten, dass aufgrund unterschiedlicher Gegebenheiten in jedem Land sich dieser Wert nicht verallgemeinert anwenden lässt.

Seit der Bekämpfung der Tollwut sind die Fuchspopulationen in weiten Teilen Europas deutlich angestiegen (EFSA AHAW Panel 2015). Gleichzeitig konnten in vielen Regionen steigende Prävalenzen von *E. multilocularis* in Füchsen und eine zunehmende Urbanisierung der Tiere beobachtet werden (Deplazes *et al.* 2004; Fischer *et al.* 2005). Allerdings lässt sich auch dies nicht für ganz Europa verallgemeinern, da beispielsweise in Belgien zwischen 1996 und 2008 keine Ausbreitung des Fuchsbandwurms Richtung Norden nachgewiesen werden konnte, obwohl im Süden des Landes hohe Prävalenzen beschrieben wurden und von einer weiteren Ausbreitung auszugehen war (Van Gucht *et al.* 2010).

Es ist jedoch anhand der heute vorhandenen Daten kaum möglich eindeutige Rückschlüsse auf die Verbreitungswege, oder den Ursprung des Parasiten in Europa zu ziehen. Die in der vorliegenden Arbeit erhaltenen Daten geben jedoch einen Hinweis darauf, dass der Kleine Fuchsbandwurm *Echinococcus multilocularis* bereits seit geraumer Zeit in weiten Teilen Europas existiert. Statt einer ausschließlich vom historischen Fokus ausgehenden Ausbreitung (Knapp *et al.* 2009) deuten die Ergebnisse der vorliegenden Studie darauf hin, dass es eine Ausbreitung von mehreren, über Europa verteilten, „Hotspots" ausgehend stattgefunden hat, oder auch immer noch stattfindet. Diese Ausbreitung dürfte über das von Knapp *et al.* (2009) beschriebene „mainland- island"- System stattfinden, also über die Verbreitung einzelner Haplotypen durch die Wanderung von Füchsen.

5. Zusammenfassung

Der „kleine Fuchsbandwurm" *Echinococcus multilocularis* Leuckart 1863 ist auf der nördlichen Hemisphäre weit verbreitet. Der sylvatische Lebenszyklus von *E. multilocularis* ist ein Räuber-Beute-Zyklus, in den Caniden (hauptsächlich Rotfuchs oder Eisfuchs) als Endwirte und deren Beutetiere (meist Arvicolinae) als Zwischenwirte involviert sind. Der Mensch, der sich über die orale Aufnahme der Eier infizieren kann, ist aufgrund der evolutionären Sackgasse, die er für den Parasiten bildet, ein Fehlzwischenwirt.

Die genetische Diversität des Parasiten wird seit den 1990er Jahren mit verschiedenen Methoden untersucht, wobei hauptsächlich mitochondriale Marker zum Einsatz kamen. Die genetische Diversität erwies sich dabei als relativ gering, während der Mikrosatelliten-Marker EmsB eine deutlich höhere Variabilität des Parasiten abbildete. Letzteres führte zur Aufstellung der sogenannten „mainland-island"-Hypothese, wonach sich *E. multilocularis* in Europa ausgehend vom „mainland" (dem historischen Fokus, bestehend aus Süddeutschland, der Schweiz, dem Norden Österreichs und dem Westen von Tschechien, wo eine hohe genetische Diversität nachweisbar war) in die „islands" (die umgebenden Länder mit geringerer genetischer Diversität) ausgebreitet hat.

In der vorliegenden Arbeit sollte nun untersucht werden, ob sich bei der Analyse einer hohen Anzahl von Proben mit mitochondrialen Markern ebenfalls Rückschlüsse auf eine mögliche Ausbreitungsrichtung des Parasiten ziehen lassen.

Dazu wurden 674 Isolate von *Echinococcus multilocularis* aus 160 Füchsen und 10 Bisamen aus Deutschland, der Schweiz, Österreich, Frankreich, Luxemburg, Tschechien, Polen und der Slowakei mit Fragmenten der mitochondrialen Marker cox1 und nd1, sowie der vollständigen Sequenz von atp6 untersucht, und die Ergebnisse mit denen des Mikrosatelliten- Markers EmsB verglichen. 507 der Isolate brachten für alle verwendeten Marker Ergebnisse und konnten somit vergleichend ausgewertet werden.

Eine geringe genetische Diversität der mitochondrialen Marker konnte nicht bestätig werden, da für die konkatenierten Sequenzen der drei mitochondrialen Gene atp6, cox1 und nd1 13 Haplotypen nachgewiesen wurden. Dies entsprach 33 Profilen für den Mikrosatelliten-Marker EmsB, wobei mitochondriale Haplotypen und

121

Mikrosatelliten-Profile nur teilweise miteinander korrelieren. Von den mt Haplotypen erwies sich einer als dominant und war in allen untersuchten Ländern in der höchsten Anzahl von Isolaten präsent. Dagegen dominierten 4 ms Profile in der Gesamtheit der Isolate, von denen aber jedes in höchstens 5 Ländern auftrat. Auch konnten spezifische Haplotypen und Profile beschrieben werden, die nur in einzelnen Ländern oder Ländergruppen zu finden waren. Insgesamt ist die genetische Diversität mit beiden Markersystemen ungleichmäßig in Europa verteilt; Hotspots mit hoher Diversität waren vor allem in der Nordschweiz, der östlichen Slowakei und Baden-Württemberg in Deutschland auffällig. Die auf der Analyse der EmsB-Profile basierende mainland-island-Hypothese konnte nicht unterstützt werden.

In 8 (mt Marker) bzw. 29 (ms Marker) von 160 Füchsen wurde mehr als ein Haplotyp bzw. Profil nachgewiesen, was Schätzungen zur Häufigkeit des Fressens befallener Zwischenwirte ermöglichte.

Da der in Europa dominante mitochondriale Haplotyp sich im Haplotypen-Netzwerk an zentraler Position befindet, ist davon auszugehen, dass es sich dabei um die anzestrale Variante des Parasiten handelt. Anhand der erhaltenen Daten ist davon auszugehen, dass der Parasit bereits seit langer Zeit in weiten Teilen Europas existiert. Die Ausbreitungsgeschichte scheint jedoch komplexer zu sein als bisher vermutet, da auch in peripheren Regionen durch lokale Evolution weitere Haplotypen entstanden sind, was durch Einwanderung in jüngerer Zeit nicht erklärbar ist. Die vorliegenden Daten bilden eine Grundlage für weitergehende Studien zur Ausbreitungsgeschichte von *Echinococcus multilocularis* in Europa, einschließlich der Verschleppung durch menschliche Aktivitäten in jüngerer Zeit.

6. Abstract

The fox tapeworm *Echinococcus multilocularis* Leuckart 1863 occurs worldwide on the northern hemisphere. The sylvatic life cycle of *E. multilocularis* is a predator-prey cycle between canids (mostly red fox and arctic fox) as definitive hosts and their prey (mostly Arvicolinae) as intermediate hosts. Humans can act as aberrant intermediate hosts after accidental ingestion of eggs.

The genetic diversity of the parasite is being studied since the 1990s with various methods, mostly mitochondrial (mt) markers. Overall, the genetic diversity seems to be rather low, whereas the microsatellite (ms) marker EmsB showed a considerably higher variability of the parasite. This led to the so-called „mainland-island"-hypothesis, stating that *E. multilocularis* spread over Europe from the „mainland" (the historical focus: southern Germany, Switzerland, northern Austria and western Czech Republic, with higher genetic diversity) towards the „islands" (the peripheral countries with lower genetic diversity).

The objective of the present study was the analysis of a high number of isolates with mitochondrial markers to find out if it is possible to draw a conclusion concerning the spread of the parasite.

Therefore, 674 *Echinococcus multilocularis* isolates from 160 foxes and 10 muskrats from Germany, Switzerland, Austria, France, Luxembourg, Czech Republic, Poland and Slovakia were analysed using fragments of the mitochondrial genes cox1 and nd1 and the complete sequence of atp6. The results were compared with those of the microsatellite marker EmsB. 507 of the isolates gave results for all markers used and could thus be directly compared.

A low genetic diversity of mitochondrial makers could not be confirmed, because 13 haplotypes were described for the concatenated sequences of the three mitochondrial genes atp6, cox1 and nd1. This contrasted to 33 EmsB-profiles. There was only partial correlation of mitochondrial haplotypes and microsatellite profiles. One of the mt haplotypes proved to be dominant and was present in all analysed countries and in the highest number of isolates. In contrast, 4 ms profiles were dominant within the isolates, but appeared in only up to 5 countries. Also, some haplotypes and profiles were found to be exclusively distributed in 1-2 (neighbouring) countries. Altogether, the genetic diversity for both marker systems is spread unevenly across Europe; hotspots with higher diversity were noticeable in northern Switzerland, eastern Slovakia and southwestern Germany. The mainland-island-hypothesis based on EmsB-profiles could only partially be supported.

In 8 (mt markers) and 29 (ms marker), respectively, of 160 foxes, more than one haplotype or profile was detected, allowing to estimate the frequency of foxes ingesting intermediate hosts infected with *E. multilocularis*.

As the dominant haplotype is located in the centre of the haplotype network, one can assume it to be the ancestral variant of the parasite. On the basis of the obtained results it can be supposed that the parasite has been widespread over Europe for a long time. However, the spatial and temporal spread of *E. multilocularis* seems to be more complex as expected, because some haplotypes also developed locally in peripheral regions, which cannot be explained by a recent immigration. The present data are a basis for further studies concerning the spatial and temporal spread of *Echinococcus multilocularis* in Europe including recent anthropogenic translocations.

Literaturverzeichnis

Afonso, E., Knapp, J., Tête, N. Umhang, G., Rieffel, D., van Kesteren, F., Ziadinov, I., Craig, P.S., Torgerson, P.R., Giraudoux, P. (2015)
Echinococcus multilocularis in Kyrgyzstan: similarity in the Asian EmsB genotypic profiles from village populations of eastern mole voles (Ellobius tancrei) and dogs in the Alay valley.
Journal of Helminthology, November 2015, 89 (6): 664-70

Bagrade, G., Šnábel, V., Romig, T., Ozolinš, J., Hüttner, M., Miterpáková, M., Ševcová, D., Dubindký, P. (2008)
Echinococcus multilocularis is a frequent parasite of red foxes (Vulpes vulpes) in Latvia.
Helminthologia, 45,4: 157-161

Bart, J.M., Knapp, J., Gottstein, B., El-Garch, F., Giraudoux, P., Glowatzki, M.L., Berthoud, H., Maillard, S., Piarroux, R. (2006)
EmsB, a tandem repeated multi-loci microsatellite, new tool to investigate the genetic diversity of Echinococcus multilocularis.
Infection, Genetics and Evolution, 6 (2006), 390-400

Beiromvand, M., Akhlaghi, L., Fattahi Massom, S.H., Mobedi, I., Meamar, A.R., Oormazdi, H., Motevalian, A., Razmjou, E. (2011)
Detection of Echinococcus multilocularis in carnivores in Razavi Khorasan Province, Iran using mitochondrial DNA.
PLoS Neglected Tropical Diseases, 5(11): e1379

Beiromvand, M., Akhlaghi, L., Fattahi Massom, S.H., Meamar, A.R., Darvish, J., Razmjou, E. (2013)
Molecular identification of Echinococcus multilocularis infection in small mammals from Northeast Iran.
PLoS Neglected Tropical Diseases, 7(7): e2313

Bilton, D.T., Mirol, P.M., Mascheretti, S., Fredga, K., Zima, J., Searle, J.B. (1998)
Mediterranean Europe as an area of endemism for small mammals rather than a source for northwards postglacial colonization.
Proceedings of The Royal Society London, B (1998) 265, 1219- 1226

Borgsteede, F.H.M., Tibben, J.H., van der Giessen, J.W.B. (2003)
The musk rat (*Ondatra zibethicus*) as intermediate host of cestodes in the Netherlands.
Veterinary Parasitology, 117 (2003) 29-36

Boucher, J.M., Hanosste, R., Augot, D., Bart, J.M., Morand, M., Piarroux, R., Pozet-Bouhier, F., Losson, B., Cliquet, F. (2005)
Detection of *Echinococcus multilocularis* in wild boars in France using PCR techniques against larval form.
Veterinary Parasitology, 129 (2005) 259-266

Bowles, J., Blair, D., McManus, D.P. (1992)
Genetic variants within the genus *Echinococcus* identified by mitochondrial DNA sequencing.
Molecular and Biochemical Parasitology, 54 (1992) 165-174

Bowles, J., McManus, D.P. (1993)
NADH dehydrogenase 1 gene sequences compared for species and strains of the genus *Echinococcus*.
International Journal for Parasitology, Vol. 23, No.7, pp. 969-972, 1993

Bretagne, S., Robert, B., Vidaud, D., Goossens, M., Houin, R. (1991)
Structure of the *Echinococcus multilocularis* U1snRNA repeat.
Molecular and Biochemical Parasitology, 46 (1991) 285-292

Bretagne, S., Assouline, B., Vidaud, D., Houin, R., Vidaud, M. (1996)
Echinococcus multilocularis: Microsatellite polymorphism in U1 snRNA genes.
Experimental Parasitology, 82, 324-328 (1996)

Brunetti, E., Kern, P., Vuitton, D.A., Writing Panel for the WHO-IWGE (2010)
Expert consensus for the diagnosis and treatment of cystic and alveolar echinococcosis in humans.
Acta Tropica, April 2014, 114 (1): 1-16

Bružinskaite, R., Marcinkute, A., Strupas, K., Sokolovas, V., Deplazes, P., Mathis, A., Eddi, C., Šarkūnas, M. (2007)
Alveolar echinococcosis, Lithuania.
Emerging Infectious Diseases, Vol. 13, No. 10, October 2007

Bulle, B., Millon, L., Bart, J.-M., Gállego, M., Gambarelli, F., Portús, M., Schnur, L., Jaffe, C.L., Fernandez-Barredo, S., Alunda, J.M., Piarroux, R. (2002)
Practical approach for typing strains of *Leishmania infantum* by microsatellite analysis.
Journal of clinical Microbiology, Sept. 2002, 40 (9): 3391-3397

Burlet, P., Deplazes, P., Hegglin, D. (2011)
Age, season and spatial- temporal factors affecting the prevalence of *Echinococcus multilocularis* and *Taenia taeniaeformis* in *Arvicola terrestris*.
Parasites & Vectors, 2011, 19; 4:6

Casulli, A., Manfredi, M.T., La Rosa, G., Di Cerbo, A.R., Dinkel, A., Romig, T., Deplazes, P., Genchi, C., Pozio, E. (2005)
Echinococcus multilocularis in red foxes (Vulpes vulpes) of the Italian Alpine region: is there a focus of autochthonous transmission?
International Journal for Parasitology, 35 (2005), 1079-1083

Casulli, A., Bart, J.M., Knapp, J., La Rosa, G., Dusher, G., Gottstein, B., Di Cerbo, A., Manfredi, M.T., Genchi, C., Piarroux, R., Pozio, E. (2009)
Multi-locus microsatellite analysis supports the hypothesis of an autochthonous focus of *Echinococcus multilocularis* in northern Italy.
International Journal for Parasitology, 39 (2009), 837-842

Casulli, A., Interisano, M., Sreter, T., Chitimia, L., Kirkova, Z., La Rosa, G., Pozio. E. (2012)

Genetic variability of *Echinococcus granulosus* sensu stricto in Europe inferred by mitochondrial DNA sequences.

Infection, Genetics and Evolution, 112 (2012) 377- 383

Chaignat, V., Boujon, P., Frey, C.F., Hentrich, B., Müller, N., Gottstein, B. (2015)

The brown hare (*Lepus europaeus*) as a novel intermediate host for *Echinococcus multilocularis* in Europe.

Parasitology Research, 2015, 114 (8), 3167-9

Chautan, M., Pontier, D., Artois, M. (2000)

Role of rabies in recent demographic changes in red fox (*Vulpes vulpes*) populations in Europe.

Mammalia, t.64, n°4, 2000: 391-410

Cook, B.R. (1991)

Echinococcus multilocularis infestation acquired in UK.

The Lancet, Vol 337; March 2, 1991

Deplazes, P., Eckert, J. (1996)

Diagnosis of the *Echinococcus multilocularis* infection in final hosts.

Applied Parasitology, 37 (1996), 245-252

Deplazes, P., Hegglin, D., Gloor, S., Romig, T. (2004)

Wilderness in the city: the urbanization of *Echinococcus multilocularis*.

Trends in Parasitology, Vol. 20, No.2

Dinkel, A., von Nickisch- Rosenegk, M., Bilger, B., Merli, M., Lucius, R., Romig, T. (1998)

Detection of *Echinococcus multilocularis* by PCR as an alternative to necropsy.

Journal of Clinical Microbiology, July 1998, p. 1871-1876

Eastman, K.L., Worley, D.E. 1979
The muskrat as an intermediate host of *Echinococcus multilocularis* in Montana.
Journal of Parasitology, 65 (1), 1979, p. 34

Eckert, J., Conraths, F.J., Tackmann, K. (2000)
Echinococcosis: an emerging or re- emerging zoonosis?
International Journal for Parasitology, 30 (2000), 1283-1294

Eckert, J., Gemmell, M.A., Meslin, F.-X., Pawłowski, Z.S. (2001)
WHO/ OIE Manual on echinococcosis in humans and animals: a public health problem of global concern.
World Organisation for Animal Health (Office International des Epizooties) and World Health Organization, 2001

Eckert, J., Deplazes, P. (2004)
Biological, epidemiological and clinical aspects of Echinococcosis, a zoonosis on increasing concern.
Clinical Microbiology Reviews, Jan. 2004, p. 107-135

EFSA Panel on Animal Health and Welfare (2015)
Scientific opinion on *Echinococcus multilocularis* infection in animals.
EFSA Journal 2015; 13 (12): 4373, 129 pp

Ellegren, H. (2004)
Microsatellites: Simple sequences with complex evolution.
Nature Reviews, Genetics, Volume 5, June 2004, 5 (6): 435-45

Enemark, H.L., Al-Sabi, M.N., Knapp, J., Staahl, M., Chriel, M. (2013)
Detection of a high-endemic focus of *Echinococcus multilocularis* in red foxes in southern Denmark, January 2013.
Euro Surveillance, 2013; 18 (10): 20420

Fischer, C., Reperant, L.A., Weber, J.M., Hegglin, D., Deplazes, P. (2005)

Echinococcus multilocularis infections of rural, residential and urban foxes (*Vulpes vulpes*) in the canton of Geneva, Switzerland.

Parasite, 2005, 12, 339-346

Gamble, W.G., Segal, M., Schantz, P.M., Rausch, R.L. (1979)

Alveolar hydatid disease in Minnesota. First human case acquired in the contiguous United States.

Journal of the American Medical Association, March 2, 1979, 241(9)

Gasser, R.B., Chilton, N.B. (1995)

Characterisation of taeniid cestode species by PCR-RFLP of ITS2 ribosomal DNA.

Acta Tropica, 59 (1995), 31-40

Gesy, K., Hill, J.E., Schwantje, H., Liccioli, S., Jenkins, E.J. (2013)

Establishment of a European-type strain of Echinococcus multilocularis in Canadian wildlife.

Parasitology, 2013, 140, 1133-1137

Gesy, K.M., Schurer, J.M., Massolo, A., Liccioli, S., Elkin, B.T., Alisauskas, R., Jenkins, E.J. (2014)

Unexpected diversity of the cestode *Echinococcus multilocularis* in wildlife in Canada.

International Journal for Parasitology: Parasites and Wildlife, 3 (2014), 81-87

Gesy, K.M., Jenkins, E.J. (2015)

Introduced and native haplotypes of *Echinococcus multilocularis* in wildlife in Saskatchewan, Canada.

Journal of Wildlife Diseases, 51(3), 2015, pp.743-748

Giraudoux, P. (1991)

Utilisation de l'espace par les hôtes du *Ténia multiloculaire* (*Echinocccus multilocularis*). Conséquences épidémiologiques.

Doktorarbeit, Université de Dijon

Goldstein, D.B., Schlötterer, C. (1999)
Microsatellites. Evolution and Applications.
Oxford University Press

Gottstein, B., Stojkovic, M., Vuitton, D.A., Millon, L., Marcinkute, A., Deplazes, P. (2015)
Threat of alveolar echinococcosis to public health – a challenge for Europe.
Trends in Parasitology, September 2015, Vol. 31, No. 9

Guerra, D., Hegglin, D., Bacciarini, L., Schnyder, M., Deplazes, P. (2014)
Stability of the southern European border of *Echinococcus multilocularis* in the Alps: evidence that *Microtus arvalis* is a limiting factor.
Parasitology, 2014, 141, 1593-1602

Guislain, M.-H. (2006)
Étude à différentes fenêtres de perception, des facteurs impliqués dans la transmission d´*Echinococcus multilocularis*, parasite responsable d´une maladie émergente: l´échinococcose alvéolaire.
Doktorarbeit, Université de Franche- Comté

Guislain, M.-H., Raoul, F., Poulle, M.-L., Giraudoux, P. (2007)
Fox faeces and vole distribution on a local range: Ecological data in a parasitological perspective for *Echinococcus multilocularis*.
Parasite, 2007, 14, 299-308

Guislain, M.-H., Raoul, F., Giraudoux, P., Terrier, M.-E., Froment, G., Ferté, H., Poulle, M.-L. (2008)
Ecological and biological factors involved in the transmission of *Echinococcus multilocularis* in the French Ardennes.
Journal of Helminthology, 2008, 82, 143-151

Haag, K.L., Zaha, A., Araújo, A.M., Gottstein, B. (1997)
Reduced genetic variability within coding and non-coding regions of the *Echinococcus multilocularis* genome.
Parasitology, 1997, 115, 521-529

Hanosset, R., Saegerman, C., Adant, S., Massart, L., Losson, B. (2008)
Echinococcus multilocularis in Belgium: Prevalence in red foxes (*Vulpes vulpes*) and in different species of potential intermediate hosts.
Veterinary Parasitology, 151 (2008), 212-217

Hegglin, D., Bontadina, F., Contesse, P., Gloor, S., Deplazes, P. (2007)
Plasticity of predation behavior as a putative driving force for parasite life-cylce dynamics: the case of urban foxes and *Echinococcus multilocularis* tapeworm.
Functional Ecology, 2007, 21, 552-560

Henttonen, H., Fuglei, E., Gower, C.N., Haukisalmi, V., Ims, R.A., Niemimaa, J., Yoccoz, N.G. (2001)
Echinococcus multilocularis on Svalbard: introduction of an intermediate host has enabled the local life-cycle.
Parasitology, 2001, 123, 547-552

Hüttner, M., Nakao, M., Wassermann, T., Siefert, L., Boomker, J.D.F., Dinkel, A., Sako, Y., Mackenstedt, U., Romig, T., Ito, A. (2008)
Genetic characterization and phylogenetic position of *Echinococcus felidis* Ortlepp, 1937 (Cestoda: Taeniidae) from the African lion.
International Journal for Parasitology, 38 (7): 861–868

Ito, A., Agvaandaram, G., Bat-Ochir, O.-E., Chuluunbaatar, B., Gonchingsenghe, N., Yanagida, T., Sako, Y., Myadagsuren, N., Dorjsuren, T., Nakaya, K., Nakao, M., Davaajav, A., Dulmaa, N. (2010)
Short report: Histopathological, serological and molecular confirmation of indigenous alveolar echinococcosis cases in Mongolia.
American Journal of Tropical Medicine and Hygiene, 82(2), 2010, pp. 266-269

Ito, A., Chuluunbaatar, G., Yanagida, T., Davaasuren, A., Sumiya, B., Asakawa, M., Ki, T., Nakaya, K., Davaajav, A., Dorjsuren, T., Nakao, M., Sako, Y. (2013)
Echinococcus species from red foxes, corsac foxes and wolves in Mongolia.
Parasitology, 2013, 140, 1648-1654

James, E., Boyd, W. (1937)
Echinococcus alveolaris. With the report of a case.
The Canadian Medical Association Journal, 36, 354-356

Jeffreys, A.J., Wilson, V., Thein, S.L. (1985)
Individual-specific "fingerprints" of human DNA.
Nature, Vol. 316, 4 July 1985

Jenkins, D.J., Romig, T., Thompson, R.C.A. (2005)
Emergence/ re-emergence of *Echinococcus spp.* — a global update.
International journal of Parasitology, 35 (2005), 1205-1219

Jenkins, E.J., Peregrine, A.S., Hill, J.E., Somers, C., Gesy, K., Barnes, B., Gottstein, B., Polley, L. (2012)
Detection of European strain of *Echinococcus multilocularis* in North America.
Emerging Infectious Diseases, Vol. 18, No.6, June 2012

Jeong, J.-S., Han, S.-Y., Kim, Y.-H., Sako, Y., Yanagida, T., Ito, A., Chai, J.-Y. (2013)
Serological and molecular characteristics of the first Korean case of *Echinococcus multilocularis*.
Korean Journal of Parasitology, Vol.51, No.5: 595-597, October 2013

Kędra, A.H., Świderski, Z., Tkach, V.V., Rocki, B., Pawlowski, J., Pawłowski, Z. (2000)
Variability within NADH dehydrogenase sequences of *Echinococcus multilocularis*.
Acta Parasitologica, 2000, 45(4), 353-355

Kern, P., Bardonnet, K., Renner, E., Auer, H., Pawlowski, Z., Ammann, R.W., Vuitton, D.A., Kern, P. and the European Echinococcosis Registry (2003)
European Echinococcosis Registry: Human alveolar Echinococcosis, Europe, 1982-2000.
Emerging Infectious Diseases, Vol.9, No.3, March 2003

Kim, S.-J., Kim, J.-H., Han, S.-Y., Kim, Y.-H., Cho, J.-H., Chai, J.-Y., Jeong, J.-S. (2011)
Recurrent hepatic alveolar echinococcosis: Report of the first case in Korea with unproven infection route.
Korean Journal of Parasitology, Vol. 49, No.4: 413-418, December 2011

Knapp, J., Bart, J.M., Glowatzki, M.L., Ito, A., Gerard, S., Maillard, S., Piarroux, R., Gotttein, B. (2007)
Assessement of use of microsatellite polymorphism analysis for improving spatial distribution tracking of *Echinococcus multilocularis*.
Journal of Clinical Microbiology, Sept. 2007, p. 2943-2950

Knapp, J, (2008)
Caractérisation et validation du marqueur microsatellite multilocus répété en tandem EmsB pour la recherché de polymorphisme génétique chez *Echinococcus multilocularis*: Application à l´étude de la transmission du parasite en Europe.
Doktorarbeit, Université de Franche- Comté

Knapp, J., Guislain, M.-H., Bart, J.M., Raoul, F., Gottstein, B., Giraudoux, P., Piarroux, R. (2008)
Genetic diversity of *Echinococcus multilocularis* on a local scale.
Infection, Genetics and Evolution, 8 (2008), 367-373

134

Knapp, J., Bart, J.-M., Giraudoux, P., Glowatzki, M.-L., Breyer, I., Raoul, F., Deplazes, P., Duscher, G., Martinek, K., Dubinsky, P., Guislain, M.-H., Cliquet, F., Romig, T., Malczewski, A., Gottstein, B., Piarroux, R. (2009)
Genetic diversity of the cestode *Echinococcus multilocularis* in red foxes at a continental scale.
PLoS Neglected Tropical Diseases, 2009, 3(6): e452

Knapp, J., Staebler, S., Bart, J.M., Stien, A., Yoccoz, N.G., Drögemüller, C., Gottstein, B., Deplazes, P. (2012)
Echinococcus multilocularis in Svalbard, Norway: Microsatelliten genotyping to investigate the origin of a highly focal contamination.
Infection, Genetics and Evolution, 12 (2012), 1270-1274

Knapp, J., Gottstein, B., Saarma, U., Millon, L. (2015)
Taxonomy, phylogeny and molecular epidemiology of *Echinococcus multilocularis*: From fundamental knowledge to health ecology.
Veterinary Parasitology, 213 (2015), 85-91

Knoop, V., Müller, K. (2009)
Gene und Stammbäume: Ein Handbuch zur molekularen Phylogenetik
Spektrum Akademischer Verlag, 2. Auflage

Konyaev, S.V., Yanagida, T., Ingovatova, G.M., Shoikhet, Y.N., Nakao, M., Sako, Y., Bondarev, A.Y., Ito, A. (2012)
Molecular identification of human echinococcosis in the Altai region of Russia.
Parasitology International, 61 (2012), 711-714

Konyaev, S.V., Yanagida, T., Nakao, M., Ingovatova, G.M., Shoykhet, Y.N., Bondarev, A.Y., Odnokurtsev, V.A., Loskutova, K.S., Lukmanova, G.I., Dokuchaev, N.E., Spiridonov, S., Alshinecky, M.V., Sivkova, T.N., Andreyanov, O.N., Abramov, S.A., Krivopalov, A.V., Karpenko, S.V., Lopatina, N.V., Dupal, T.A., Sako, Y., Ito, A. (2013)
Genetic diversity of *Echinococcus* spp. in Russia.
Parasitology, 2013, 140, 1637-1647

Laurimaa, L., Süld, K., Moks, E., Valdmann, H., Umhang, G., Knapp, J., Saarma, U. (2015)
First report of the zoonotic tapeworm *Echinococcus multilocularis* in raccoon dogs in Estonia and comparison with other countries in Europe.
Veterinary Parasitology, 212 (3-4): 200, 2015

Learmount, J., Zimmer, I.A., Conyers, C., Boughtflower, V.D., Morgan, C.P., Smith, G.C. (2012)
A diagnostic study of *Echinococcus multilocularis* in red foxes (*Vulpes vulpes*) from Great Britain.
Veterinary Parasitology, 190 (2012), 447-453

Liccioli, S., Bialowas, C., Ruckstuhl, K.E., Massolo, A. (2015)
Feeding ecology informs parasite epidemiology: Prey selection modulates encounter rate with *Echinococcus multilocularis* in urban coyotes.
PLoS ONE, 10 (3): e0121646

Lucius, R., Loos- Frank, B. (2008)
Biologie von Parasiten.
Springer Verlag 2008, 2. Auflage

Ma, J., Wang, H., Lin, G., Craig, P.S., Ito, A., Cai, Z., Zhang, T., Han, X., Ma, X., Zhang, J., Liu, Y., Zhao, Y., Wang, Y. (2012)
Molecular identification of *Echinococcus* species from eastern and southern Qinghai, China, based on the mitochondrial cox1 gene.
Parasitology Research, 2012, 111 (1): 179-184

Ma, J., Wang, H., Lin, G., Zhao, F., Li, C., Zhang, T., Ma, X., Zhang, Y., Hou, Z., Cai, H.,Liu, P., Wang, Y. (2015)
Surveillance of *Echinococcus* isolates from Qinghai, China.
Veterinary Parasitology, 207 (2015), 44-48

Madslien, K., Øines, Ø., Handeland, K., Urdahl, A.M., Albin-Amiot, C., Hopp, P., Davidson, R. (2012)
The surveillance and control programme for *Echinococcus multilocularis* in red foxes (*Vulpes vulpes*) in Norway, hunting season 2011-2012.
Surveillance and control programmes for terrestrial and aquatic animals in Norway. Annual report 2012. Oslo: Norwegian Veterinary Institute 2013

Massolo, A., Liccioli, S., Budke, C., Klein, C. (2014)
Echinococcus multilocularis in North America: the great unknown.
Parasite, 2014, 21, 73

Moks, E., Saarma, U., Valdmann, H. (2005)
Echinococcus multilocularis in Estonia.
Emerging Infectious Diseases, Vol. 11, No. 12, December 2005

Mülhardt, C. (2009)
Der Experimentator: Molekularbiologie/ Genomics.
Spektrum Akademischer Verlag, 6. Auflage

Mullis, K.B. (1990)
The unusual origin of the Polymerase Chain Reaction. A surprisingly simple method for making unlimited copies of DNA fragment was conceived under unlikely circumstances — during a moonlit drive through the mountains of California.
Scientific American, 262: 56 (1990)

Nakao, M., Yokoyama, N., Sako, Y., Fukunaga, M., Ito, A. (2002)
The complete mitochondrial DNA sequence of the cestode *Echinococcus multilocularis* (Cyclophyllidea: Taeniidae).
Mitochondrion, 1 (2002), 497-509

Nakao, M., Sako, Y., Ito, A. (2003)
Isolation of polymorphic microsatellite loci from the tapeworm *Echinococcus multilocularis*.
Infection, Genetics and Evolution, 3 (2003), 159-163

Nakao, M., Xiao, N., Okamoto, M., Yanagida, T., Sako, Y., Ito, a. (2009)
Geographic pattern of genetic variation in the fox tapeworm *Echinococcus multilocularis*.
Parasitology International, 58 (2009), 384-389

Nakao, M., Li, T., Han, X., Ma, X., Xiao, N., Qiu, J., Wang, H., Yanagida, T., Mamuti, W., Wen, H., Moro, P.L., Giraudoux, P., Craig, P.S., Ito, A. (2010)
Genetic polymorphisms of *Echinococcus* tapeworms in China as determined by mitochondrial and nuclear DNA sequences.
International Journal for Parasitology, 40 (2010), 379-385

Nakao, M., Lavikainen, A., Iwaki, T., Haukisalmi, V., Konyaev, S., Oku, Y., Okamoto, M., Ito, A. (2013a)
Molecular phylogeny of the genus *Taenia* (Cestoda: Taeniidae): Proposals for the resurrection of *Hydatigera* Lamarck, 1816 and the creation of a new genus *Versteria*.
International Journal for Parasitology, 43, 427-437

Nakao, M., Lavikainen, A., Yanagida, T., Ito, A. (2013b)
Phylogenetic systematics of the genus *Echinococcus* (Cestoda: Taeniidae).
International Journal for Parasitology, 43, 1017-1029

Nowak, E. (1984)
Verbreitungs- und Bestandsentwicklung des Marderhundes, *Nyctereutes procyonoides* (Gray, 1834) in Europa.
Zeitschrift für Jagdwissenschaft, 30 (1984), 137-154

Okamoto, M., Bessho, Y., Kamiya, M., Kurosawa.T. (1995)
Phylogenetic relationships within *Taenia taeniaeformis* variants and other taeniid cestodes inferred from the nucleotide sequence of the cytochrome c oxidase subunit 1 gene.
Parasitology Research (1995) 81: 451-458

Okamoto, M., Oku, Y., Kurosawa, T., Kamiya, M. (2007)
Genetic uniformity of *Echinococcus multilocularis* collected from different intermediate host species in Hokkaido, Japan.
The Journal of Veterinary Medical Science, 69(2): 159-163, 2007

Osterman Lind, E., Juremalm, M., Christensson, D., Widgren, S., Hallgren, G., Ågren, E.O., Uhlhorn, H., Lindberg, A., Cedersmyg, M., Wahlström, H. (2011)
First detection of *Echinococcus multilocularis* in Sweden, February to March 2011.
Euro Surveillance 2011; 16 (14): pii = 19836

Peregrine, A.S., Jenkins, E.J., Barnes, B., Johnson, S., Polley, L., Barker, I.K., De Wolf, B., Gottstein, B. (2012)
Alveolar hydatid disease (*Echinococcus multilocularis*) in the liver of a Canadian dog in British Columbia, a newly endemic region.
The Canadian Veterinary Journal, August 2012, 53 (8): 870-4

Literaturverzeichnis

Rausch, R.L., Schiller, E. (1954)

Studies in the helminth fauna of Alaska. XXIV. *Echinococcus sibiricensis* n.sp., from St. Lawrence Island.

Journal of Parasitology, December 1954, v. 40, no. 6

Rausch, R.L. (1967)

A consideration of intraspecific categories in the genus *Echinococcus* Rudolphi, 1801 (Cestoda: Taneniidae).

The Journal of Parasitology, Vol. 53, No. 3, June 1967, p. 484-491

Rausch, R.L., Richards, S.H. (1971)

Observations on parasite-host relationship of *Echinococcus multilocularis* Leuckart, 1863, in North Dakota.

Canadian Journal of Zoology, October 1971, 49 (10)

Rinder, H., Rausch, R.L., Takahashi, K., Kopp, H., Thomschke, A., Löscher, T. (1997)

Limited range of genetic variation in *Echinococcus multilocularis*.

Journal for Parasitology, 83(6), 1997, p.1045-1050

Romig, T., Kratzer, W., Kimmig, P., Frosch, M., Gaus, W., Flegel, W.A., Gottstein, B., Lucius, R., Beckh, K., Kern, P. (1999)

An epidemiologic survey of human alveolar echinococcosis in southwestern Germany.

American Journal of Tropical Medicine and Hygiene, 61(4), pp. 566-573

Romig, T. (2003)

Epidemiology of echinococcosis.

Langenbeck's Archives of Surgery, 2003, 388 (4): 209-217

Romig, T., Dinkel, A., Mackenstedt, U. (2006)

The present situation of echinococcosis in Europe.

Parasitology International, 55 (2006), S187-S191

140

Saarma, U., Jõgisalu, I., Moks, E., Varcasia, A., Lavikainen, A., Oksanen, A., Simsek, S., Andresiuk, V., Denegri, G., González, L.M., Ferrer, E., Gárate, T., Rinaldi, L., Maravilla, P. (2009)
A novel phylogeny for the genus *Echinococcus*, based on nuclear data, challenges relationships based on mitochondrial evidence.
Parasitology, 2009, 136 (3): 317-28

Saeed, I., Maddox-Hyttel, C., Monrad, J., Kapel, C.M.O. (2006)
Helminths of red foxes (*Vulpes vulpes*) in Denmark.
Veterinary Parasitology, 139 (2006), 168-179

Sanger, F., Nicklen, S., Coulson, A.R. (1977)
DNA sequencing with chain-terminating inhibitors (DNA polymerase/ nucleotide sequences/ bacteriophage øX174).
Proceedings of the National Academy of Sciences, 74(12): 5463-5467, 1977

Schurer, J.M., Gesy, K.M., Elkin, B.T., Jenkins, E.J. (2014)
Echinococcus multilocularis and *Echinococcus canadensis* in wolves from western Canada.
Parasitology, 2014 Feb; 141 (2): 159-63

Šnábel, V., Miterpáková, M., D´Amelio, S., Busi, M., Bartková, D., Turčeková, L´., Maddox-Hyttel, C., Skuce, P. Dubinský (2006)
Genetic structuring and differentiation of *Echinococcus multilocularis* in Slovakia assessed by sequencing and isoenzyme studies.
Helminthologia, 43, 4: 196-202, December 2006

Sommer, R., Benecke, N. (2005)
Late-Pleistocene and early Holocene history of the canid fauna of Europe (Canidae).
Mammalian Biology, 70 (2005), 4: 227-241

Sréter, T., Széll, Z., Egyed, Z., Varga, I. (2003)
Echinococcus multilocularis: An emerging pathogen in Hungary and central eastern Europe.
Emerging Infectious Diseases, Vol. 9, No. 3, March 2003

Staubach, C., Thulke, H.-H., Tackmann, K., Hugh-Jones, M., Conraths, F.J. (2001)
Geographic information system-aided analysis of factors associated with the spatial distribution of *Echinococcus multilocularis* infections of foxes.
American Journal of Tropical Medicine and Hygiene, 65(6), 2001, pp. 943-948

Takumi, K., de Vries, A., Chu, M.L., Mulder, J., Teunis, P., van der Giessen, J. (2008)
Evidence for an increasing presence of *Echinococcus multilocularis* in foxes in The Netherlands.
International Journal for Parasitology, 38 (2008), 571-578

Tang, C.-T., Wang, Y.-H., Peng, W.-F., Tang, L., Chen, D. (2006)
Alveolar *Echinococcus* species from *Vulpes corsac* in Hulunbeier, Inner Mongolia, China, and differential development of the metacestodes in experimental rodents.
Journal of Parasitology, 92 (4), 2006, pp. 719-724

Tang, C.-T., Cui, G.-W., Qian, Y.-C., Kang, Y.-M., Wang, Y.-H., Peng, W.-F., Lu, H.-C., Chen, D. (2007)
Studies on the alveolar *Echinococcus* species in northward Daxingan Mountains, Inner Mongolia, China. III. *Echinococcus russicensis* sp. nov.
Chinese Journal of Zoonoses, 2007-10

Tappe, D., Kern, P., Frosch, M., Kern, P. (2010)
A hundred years of controversy about the taxonomic status of *Echinococcus* species.
Acta Tropica, 115 (2010), 167-174

Tautz, D. (1989)
Hypervariability of simple sequences as a generl source for polymorphic DNA markers.
Nucleic Acid Research, Volume 17, Number 16, 1989

Thompson, R.C.A. und Lymbery, A.J. (1990)
Intraspecific variation in Parasites – What is a strain?
Parasitology Today, vol.6, no.11

Torgerson, P.R., Keller, K., Magnotta, M., Ragland, N. (2010)
The global burden of alveolar echinococcosis.
PLoS Neglected Tropical Diseases, 2010, 4 (6): e722

Tougard, C., Renvoisé, E., Petitjean, A., Quéré, J.-P. (2008)
New insights into the colonization processes of common voles: Inferences from molecular and fossil evidence.
PLoS ONE, 2008, 3 (10): e3532

Tsai, I.J., Zarowiecki, M., Holroyd, N., Garciarrubio, A., Sanchez-Flores, A., Brooks, K.L., Tracey, A., Bobes, R.J., Fragoso, G., Sciutto, E., Aslett, M., Beasley, H., Bennett, H.M. et al. (2013)
The genomes of four tapeworm species reveal adaptations to parasitism
Nature, April 2013, 496 (7443): 57-63

Tsutsui, N.D., Case, T.J. (2001)
Population genetics and colony structure of the Argentine ant (Linepithema humile) in its native and introduced ranges.
Evolution, 55 (5), 2001, pp. 976-985

Umhang, G., Lahoreau, J., Nicolier, A., Boué, F. (2013)
Echinococcus multilocularis infection of a ring- tailed lemur (Lemur catta) and a nutria (Myocastor coypus) in a French zoo.
Parasitology International, 62 (2013), 561-563

Umhang, G., Knapp, J., Hormaz, V., Raoul, F., Boué, F. (2014)
Using the genetics of *Echinococcus multilocularis* to trace the history of expansion from an endemic area.
Infection, Genetics and Evolution, 22 (2014), 142-149

Umhang, G., Forin-Wiart, M.-A., Hormaz, V., Caillot, C., Boucher, J.-M., Poulle, M.-L., Boué, F. (2015)
Echinococcus multilocularis detection in the intestines and feces of free-ranging domestic cats (*Felis s. catus*) and European wildcats (*Felis s. silvestris*) from northeastern France.
Veterinary Parasitology, 2015, 214 (1-2): 75-9

Umhang, G., Lahoreau, J., Hormaz, V., Boucher, J.-M., Guenon, A., Montange, D., Grenouillet, F., Boue, F. (2016)
Surveillance and management of *Echinococcus multilocularis* in a wildlife park.
Parasitology International, 65 (2016), 245-250

Valot, B., Knapp, J., Umhang, G., Grenouillet, F., Millon, L., (2015)
Genomic characterization of EmsB microsatellite loci in *Echinococcus multilocularis*.
Infection, Genetics and Evolution, 32 (2015), 338-341

van der Giessen, J.W.B., Rombout, Y.B., Franchimont, J.H., Limper, L.P., Homan, W.L. (1999)
Detection of *Echinococcus multilocularis* in foxes in The Netherlands.
Veterinary Parasitology, 82 (1999), 49-57

Van Gucht, S., Van den Berge, K., Quataert, P., Verschelde, P., Le Roux, I. (2010)
No emergence of *Echinococcus multilocularis* in foxes in Flanders and Brussels anno 2007-2008.
Zoonoses Public Health, 57 (2010), e65-e70

Vergles Rataj, A., Bidovec, A., Žele, D., Vengušt, G. (2010)
Echinococcus multilocularis in the red fox (*Vulpes vulpes*) in Slovenia.
European Journal of Wildlife Research, 2010, 56 (5), pp.819-822

Virchow, R. (1855)
Die multiloculäre, ulcerierende Echinokokkengeschwulst der Leber.
Verhandlungen der Physikalisch- Medizinischen Gesellschaft zu Würzburg, 6, S. 84-95

Vogel, H. (1955)
Über den Entwicklungszyklus und die Artzugehörigkeit des europäischen Alveolarechinococcus.
Deutsche Medizinische Wochenschrift, 80, 931-932

Vogel, H. (1957)
Über den *Echinococcus multilocularis* Süddeutschlands.
Tropenmedizinische Parasitologie, 8, 404-454

Vuitton, D.A., Zhou, H., Bresson-Hadni, S., Wang, Q., Piarroux, M., Raoul, F., Giraudoux, P. (2003)
Epidemiology of alveolar echinococcosis with particular reference to China and Europe.
Parasitology, 2003, 127, S87-S107

Vuitton, D.A., Qian, W., Hong-Xia, Z., Raoul, F., Knapp, J., Bresson- Hadni, S., Hao, W., Giraudoux, P. (2011)
A historical view of alveolar echinococcosis, 160 years after the discovery of the first case in humans: part 1. What have we learnt on the distribution of the disease and on its parasitic agent?
Chinese Medical Journal, 2011; 124 (18): 2943-2953

Wahlström, H., Enemark, H.L., Davidson, R.K., Oksanen, A. (2015)
Present status, actions taken and future considerations due to the findings of *E. multilocularis* in two Scandinavian countries.
Veterinary Parasitology, 213 (2015), 172-181

Wandeler, P., Funk, S.M., Largiadèr, C.R., Gloor, S., Breitenmoser, U. (2003)
The city-fox phenomenon: genetic consequences of a recent colonization of urban habitat.
Molecular Ecology, 2003, 12, 647-656

Wilson, D.E., Reeder, D.M. (2005)
Mammal Species of the World: A Taxonomic and Geographic Reference.
Johns Hopkins University Press, 3rd Edition

Xiao, N., Qiu, J., Nakao, M., Nakaya, K., Yamasaki, H., Sako, Y., Mamuti, W., Schantz, P.M., Craig, P.S., Ito, A. (2003)
Short report: Identification of *Echinococcus* species from a Yak in the Qinghai- Tibet Plateau region of China.
The American Journal of Tropical Medicine and Hygiene, October 2003, Vol. 69, No. 4, 445-446

Xiao, N., Qiu, J., Nakao, M., Li, T., Yang, W., Chen, X., Schantz, P.M., Craig, P.S., Ito, A. (2005)
Echinococcus shiquicus n. sp., a taeniid cestode from Tibetan fox and plateau pika in China.
International Journal for Parasitology, 2005, 35, 693–701

Yanagida, T., Mohammadzadeh, T., Kamhawi, S., Nakao, M., Sadjjadi, S.M., Hijjawi, N., Abdel- Hafez, S.K., Sako, Y., Okamoto, M., Ito, A. (2012)
Genetic polymorphisms of *Echinococcus granulosus* sensu stricto in the Middle East.
Parasitology International, 61 (2012), 599- 603

Ziegler, T. (2007)

Untersuchungen zur Funktion von *Myocastor coypus* als Reservoir für medizinisch relevante Krankheitserreger (Viren, Bakterien und Parsiten).

Diplomarbeit, Universität Hohenheim

Tagungsbeiträge

2010   DGP-Tagung (Düsseldorf)
Posterbeitrag "Genetische Diversität von *Echinococcus multilocularis* in Süddeutschland"

2011   World Congress of Hydatidology (Urumqi, China)
Posterbeitrag „Genetic diversity of *Echinococcus multilocularis* in Southern Germany"
(Posterpreis in „Molecular Biology")

2012   DGP-Tagung (Heidelberg)
Posterbeitrag „Genetic diversity of *Echinococcus multilocularis* in Europe"

2012   Workshop NaÜPa-Net (München)
Vortrag *„Echinococcus multilocularis* in Süddeutschland: genetische Diversität in Zwischen-, Fehl- und Endwirten"

2014   Symposium Innovation for the management of Echinococcosis (Besançon, Frankreich)
Vortrag „Genetic diversity of *Echinococcus multilocularis* – comparative results from mitochondrial and microsatellite markers"

2014   International Congress on Parasites of Wildlife (Skukuza, Kruger National Park, Südafrika)
Vortrag „Genetic diversity of *Echinococcus multilocularis* – comparative results from mitochondrial and microsatellite markers"

2016   DGP- Tagung (Göttingen)
Vortrag „Genetic diversity of *Echinococcus multilocularis* – comparative results from mitochondrial and microsatellite markers"

Abbildungsverzeichnis

Abbildungsverzeichnis

Tabellenverzeichnis

Anhang

Isolate EchinoRisk; BW = Baden-Württemberg, BY = Bayern, Dép. = Département, // = kein Ergebnis

Probe	Land	Region	Organismus	Haplotyp atp6	Haplotyp cox1	Haplotyp nd1	Haplotyp gesamt	EmsB
1	Schweiz	Raum Zürich	Fuchs 1	A1	C1	N1	Em1	//
2				A1	C1	N1	Em1	G22
3				A1	C1	N1	Em1	G24
4				A1	C1	N1	Em1	G15
5				A1	C1	N1	Em1	G15
6	Schweiz	Raum Zürich	Fuchs 2	A1	C1	N1	Em1	G25
7				A1	C1	N1	Em1	G25
8				A1	C1	N1	Em1	G25
9				A1	C1	N1	Em1	//
10				A1	C1	N1	Em1	G25
11	Schweiz	Raum Zürich	Fuchs 3	A1	C1	N1	Em1	G07
12				A1	C1	N1	Em1	G04
13				//	C2	N2	//	G07
14				A2	C3	N1	Em2	G07
15				A2	C3	N1	Em2	G04
16	Schweiz	Raum Zürich	Fuchs 4	A2	C3	N1	Em2	//
17				A2	C3	N1	Em2	G29
18				A2	C3	N1	Em2	G26
19				A2	C3	N1	Em2	//
20				A2	C3	N1	Em2	G26
21	Schweiz	Raum Zürich	Fuchs 5	A2	C3	N1	Em2	G23
22				A2	C3	N1	Em2	G23
23				A2	C3	N1	Em2	G23
24				A2	C3	N1	Em2	G23

				A	C	N	Em	G
26	Schweiz	Raum Zürich	Fuchs 6	A3	C2	N2	Em3	G30
27	Schweiz	Raum Zürich	Fuchs 6	A3	C2	N2	Em3	//
29	Schweiz	Raum Zürich	Fuchs 6	A2	C3	N1	Em2	G12
31	Schweiz	Raum Zürich	Fuchs 7	A2	C2	N1	Em4	G14
32	Schweiz	Raum Zürich	Fuchs 7	A2	C2	N1	Em4	G11
33	Schweiz	Raum Zürich	Fuchs 7	A2	C2	N1	Em4	//
34	Schweiz	Raum Zürich	Fuchs 7	A2	C2	N1	Em4	G11
35	Schweiz	Raum Zürich	Fuchs 7	A2	C2	N1	Em4	G11
36	Schweiz	Raum Zürich	Fuchs 8	A2	C2	N1	Em4	G22
37	Schweiz	Raum Zürich	Fuchs 8	A2	C2	N1	Em4	G22
38	Schweiz	Raum Zürich	Fuchs 8	A3	C2	N2	Em3	G22
39	Schweiz	Raum Zürich	Fuchs 8	A2	C2	N1	Em4	G22
40	Schweiz	Raum Zürich	Fuchs 8	A2	C2	N1	Em4	G22
41	Schweiz	Raum Zürich	Fuchs 9	A2	C2	N1	Em4	G15
42	Schweiz	Raum Zürich	Fuchs 9	A2	C2	N1	Em4	G15
43	Schweiz	Raum Zürich	Fuchs 9	A2	C2	N1	Em4	G15
102	Deutschland	72587 Römerstein/ Zainingen (BW)	Fuchs 1	A2	C2	N1	Em4	G05
103	Deutschland	72587 Römerstein/ Zainingen (BW)	Fuchs 1	A2	C2	N1	Em4	G05
104	Deutschland	72587 Römerstein/ Zainingen (BW)	Fuchs 1	A2	C2	N1	Em4	G05
105	Deutschland	72587 Römerstein/ Zainingen (BW)	Fuchs 1	A2	C2	N1	Em4	G05
106	Deutschland	73345 Drackenstein (BW)	Fuchs 2	A2	C2	N1	Em4	G07
107	Deutschland	73345 Drackenstein (BW)	Fuchs 2	A2	C2	N1	Em4	G04
108	Deutschland	73345 Drackenstein (BW)	Fuchs 2	A2	C2	N1	Em4	G07
109	Deutschland	73345 Drackenstein (BW)	Fuchs 2	A2	C2	N1	Em4	G07
110	Deutschland	73345 Drackenstein (BW)	Fuchs 2	A2	C2	N1	Em4	G07
111	Deutschland	72587 Römerstein/ Donnstetten (BW)	Fuchs 3	A2	C2	N1	Em4	G05
112	Deutschland	72587 Römerstein/ Donnstetten (BW)	Fuchs 3	A2	C2	N1	Em4	G05
113	Deutschland	72587 Römerstein/ Donnstetten (BW)	Fuchs 3	A2	C2	N1	Em4	G05
114	Deutschland	72587 Römerstein/ Donnstetten (BW)	Fuchs 3	A2	C2	N1	Em4	G05
115	Deutschland	72587 Römerstein/ Donnstetten (BW)	Fuchs 3	A2	C2	N1	Em4	G05

				A2	C2	N1	Em4	
116	Deutschland	83152 Krailling (BY)	Fuchs 4	A2	C2	N1	Em4	//
117				A2	C2	N1	Em4	G30
118				A2	C2	N1	Em4	G30
119				A2	C2	N1	Em4	G30
120				A2	C2	N1	Em4	G30
121	Deutschland	73349 Wiesensteig (BW)	Fuchs 5	A2	C2	N1	Em4	G21
122				A2	C2	N1	Em4	G21
123				A2	//	N1	//	G21
124				A2	C2	N1	Em4	G21
125				A2	C2	N1	Em4	G21
126	Deutschland	73760 Ostfildern (BW)	Fuchs 6	A2	C2	N1	Em4	G23
127				A2	C2	N1	Em4	G23
128				A2	C2	N1	Em4	G23
129				A2	C2	N1	Em4	G23
130				A2	C2	N1	Em4	G23
131	Deutschland	82343 Pöcking/ Maising (BY)	Fuchs 7	A2	C2	N1	Em4	G07
132				A2	C2	N1	Em4	G07
133				A2	C2	N1	Em4	G07
134				A2	C2	N1	Em4	G07
135				A2	C2	N1	Em4	G07
136	Deutschland	73760 Ostfildern (BW)	Fuchs 8	A2	C2	N1	Em4	G20
137				A2	C2	N1	Em4	G25
138				A2	C2	N1	Em4	G25
139				A2	C2	N1	Em4	G20
140				A2	C2	N1	Em4	G19
141	Deutschland	82343 Pöcking/ Maising (BY)	Fuchs 9	A2	C2	N1	Em4	G20
142				A2	C2	N1	Em4	G20
143				A2	C2	N1	Em4	G20
144				A2	C2	N1	Em4	G20
145				//	C2	N1	//	G20

Nr.	Land	Ort	Probe	A2	C2	N1	Em4	G
146				A2	C2	N1	Em4	G07
147				A2	C2	N1	Em4	G04
148	Deutschland	72578 Römerstein/ Böhringen (BW)	Fuchs 10	A2	C2	N1	Em4	G07
149				A2	C2	N1	Em4	G07
150				A2	C2	N1	Em4	G07
151				A2	C2	N1	Em4	G33
152	Deutschland	82327 Tutzing/ Ilkahöhe (BY)	Fuchs 11	A2	C2	N1	Em4	G30
153				A2	C2	N1	Em4	//
154				A2	C2	N1	Em4	G33
155				A2	C2	N1	Em4	G33
156				A2	C2	N1	Em4	G27
157	Deutschland	73760 Ostfildern (BW)	Fuchs 12	A2	C2	N1	Em4	G27
158				A2	C2	N1	Em4	G27
159				A2	C2	N1	Em4	G27
160				A2	C2	N1	Em4	//
161				A2	C2	N1	Em4	G30
162	Deutschland	83152 Krailling (BY)	Fuchs 13	A2	C2	N1	Em4	G30
163				//	C2	N1	//	G30
164				A2	C2	N1	Em4	G30
165				A2	C2	N1	Em4	G30
166				A2	C2	N1	Em4	G19
167	Deutschland	82229 Seefeld (BY)	Fuchs 14	A2	C2	N1	Em4	G19
168				A2	C2	N1	Em4	G19
169				A2	C2	N1	Em4	G19
170				A2	C2	N1	Em4	G19
171				A2	C2	N1	Em4	G30
172	Deutschland	82327 Tutzing/ Ilkahöhe (BY)	Fuchs 15	A2	C2	N1	Em4	G30
173				A2	C2	N1	Em4	G30
174				A2	C2	N1	Em4	G30

#	Land	Ort	Fuchs	A2	C2	N1	Em4	G
175				A2	C2	N1	Em4	G30
176				A2	C2	N1	Em4	G30
177				A2	C2	N1	Em4	G33
178	Deutschland	82327 Tutzing/ Ilkahöhe (BY)	Fuchs 16	A2	C2	N1	Em4	G33
179				A2	C2	N1	Em4	G33
180				A2	C2	N1	Em4	G33
181				A2	C2	N1	Em4	G30
182				A2	C2	N1	Em4	G30
183	Deutschland	82487 Oberammergau (BY)	Fuchs 17	A2	C2	N1	Em4	G30
184				A2	C2	N1	Em4	G19
185				A2	C2	N1	Em4	G30
186				A2	C2	N1	Em4	G30
187				A2	C2	N1	Em4	G30
188	Deutschland	82487 Oberammergau (BY)	Fuchs 18	A2	C2	N1	Em4	G30
189				A2	C2	N1	Em4	G30
190				A2	C2	N1	Em4	G30
201				A2	C2	N1	Em4	G30
202				A2	C2	N1	Em4	G30
203	Österreich	Linz Land	Fuchs 1	A2	C2	N1	Em4	G30
204				A2	C2	N1	Em4	G30
205				A2	C2	N1	Em4	G05
206				A2	C2	N1	Em4	G05
207	Österreich	Stampfendorf, Bezirk Freistadt	Fuchs 2	A2	C2	N1	Em4	G05
208				A2	C2	N1	Em4	G05
209				A2	C2	N1	Em4	G05
210				A2	C2	N1	Em4	G25
211				A2	C2	N1	Em4	G25
212	Österreich	Steyr Land	Fuchs 3	A2	C2	N1	Em4	G25
213				A2	C2	N1	Em4	G25
214				A2	C2	N1	Em4	G25

215				A2	C2	N1	Em4	G05
216	Österreich	Rohrbach	Fuchs 4	A2	C2	N1	Em4	G05
217				A2	C2	N1	Em4	G05
218				A2	C2	N1	Em4	G05
219				A2	C2	N1	Em4	G24
220				A2	C2	N1	Em4	G23
221	Österreich	Steyr Land	Fuchs 5	A2	C2	N1	Em4	G24
222				A2	C2	N1	Em4	G23
223				A2	C2	N1	Em4	G23
224				A2	C2	N1	Em4	G25
225				A2	C2	N1	Em4	G25
226	Österreich	Steyr Land	Fuchs 6	A2	C2	N1	Em4	G25
227				A2	C2	N1	Em4	G25
228				A2	C2	N1	Em4	G25
229				A2	C2	N1	Em4	G22
230				A2	C2	N1	Em4	G22
231	Österreich	Linz Land	Fuchs 7	A2	C2	N1	Em4	G22
232				A2	C2	N1	Em4	G22
233				A2	C2	N1	Em4	G05
234				A2	C2	N1	Em4	G05
235	Österreich	Windhaag bei Perg	Fuchs 8	A2	C2	N1	Em4	G05
236				A2	C2	N1	Em4	G05
237				A2	C2	N1	Em4	G05
238				A2	C2	N1	Em4	G07
239				A2	C2	N1	Em4	G07
240	Österreich	Bezirk Gmunden	Fuchs 9	A2	C2	N1	Em4	G07
241				A2	C2	N1	Em4	G07
242				A2	C2	N1	Em4	G07
243				A2	C2	N1	Em4	G23
244				A2	C2	N1	Em4	G23

#								
245	Österreich	Steyr Land	Fuchs 10	A2	C2	N1	Em4	G23
246				A2	C2	N1	Em4	G23
247				A2	C2	N1	Em4	G23
248	Österreich	Urfahr Umgebung	Fuchs 11	A2	C4	N1	Em5	G05
249				A2	C4	N1	Em5	G05
250				A2	C4	N1	Em5	G05
251				A2	C4	N1	Em5	G05
252	Österreich	Steyr Land	Fuchs 12	A2	C2	N1	Em4	G20
253				A2	C2	N1	Em4	G20
254				A2	C2	N1	Em4	G20
255				A2	C2	N1	Em4	G20
256				A2	C2	N1	Em4	G20
257	Österreich	Stampfendorf, Bezirk Freistadt	Fuchs 13	A2	C2	N1	Em4	G05
258				A2	C2	N1	Em4	G05
259				A2	C2	N1	Em4	G05
260				A2	C2	N1	Em4	G05
261	Österreich	Urfahr Umgebung	Fuchs 14	A2	C2	N1	Em4	G23
262				A2	C2	//	//	G23
263				A2	C2	N1	Em4	G23
264				A2	C2	N1	Em4	G23
265				A2	C2	N1	Em4	G23
266	Österreich	Rohrbach	Fuchs 15	A2	C2	N1	Em4	G05
267				A2	C2	N1	Em4	G05
268				A2	C2	N1	Em4	G05
269				A2	C2	N1	Em4	G05
270				A2	//	N1	//	G05
271				A2	C2	N1	Em4	G05
272	Österreich	Hollabrunn	Fuchs 16	A2	C2	N1	Em4	G25
273				A2	C2	N1	Em4	G25
274				A2	C2	N1	Em4	G25

				A2	C2	N1	Em4	G
275				A2	C2	N1	Em4	G25
276	Österreich	Mistelbach	Fuchs 17	//	C2	N1	//	G25
277				A2	C2	N1	Em4	G25
278				A2	C2	N1	Em4	G25
279				A2	C2	N1	Em4	G25
280	Österreich	Puch bei Waidhofen a.d. Thaya	Fuchs 18	A2	C2	N1	Em4	G25
282				A2	C2	N1	Em4	G25
283				A2	C2	N1	Em4	G25
284	Österreich	Prottes bei Gänserndorf	Fuchs 19	A2	C2	N1	Em4	G25
285				A2	C2	N1	Em4	G25
286				A2	C2	N1	Em4	G25
287				A2	C2	N1	Em4	G25
288				A2	C2	N1	Em4	G25
289	Österreich	Großweißenbach bei Zwettl	Fuchs 20	A2	C2	N1	Em4	G25
290				A2	C2	N1	Em4	G25
291				A2	C2	N1	Em4	G25
292				A2	C2	N1	Em4	G25
293				A2	C2	N1	Em4	G25
294	Österreich	Gmünd	Fuchs 21	A2	C2	N1	Em4	G23
295				A2	C2	N1	Em4	G07
296	Österreich	Bruck a.d. Leitha	Fuchs 22	A2	C2	N1	Em4	G07
297				A2	C2	N1	Em4	G07
298				A2	C2	N1	Em4	G07
299				A2	C2	N1	Em4	G07
300	Polen	Pruszcz, Region Gdansk (Norden)	Fuchs 1	A2	C2	N1	Em4	G07
301				A2	C2	N1	Em4	G07
303				A2	C2	N1	Em4	G07
304				A2	C2	N1	Em4	G07
305				A2	C2	N1	Em4	G01
306				A2	C2	N1	Em4	G01

307	Polen	Puck, baltische Küste (Norden)	Fuchs 2	A2	C2	N1	Em4	G01
308				A2	C2	N1	Em4	G01
309				A2	C2	N1	Em4	G01
310	Polen	Kartuzy, See Region (Norden)	Fuchs 3	A2	C2	N1	Em4	G07
311				A2	C2	N1	Em4	G07
312				A2	C2	N1	Em4	G07
313				A2	C2	N1	Em4	G07
314				A2	C2	N1	Em4	G07
315	Polen	Miastko, Region Bytów (Norden)	Fuchs 4	A2	C2	N1	Em4	//
316				A2	C2	N1	Em4	G07
317				A2	C2	N1	Em4	G07
318				A2	C2	N1	Em4	G07
319				A2	C2	N1	Em4	G07
320	Polen	Nowy Dwór Gdanski (Norden)	Fuchs 5	A2	C2	N1	Em4	//
321				A2	C2	N1	Em4	G07
322				A2	C2	N1	Em4	//
323				A2	C2	N1	Em4	G07
324				A2	C2	N1	Em4	G07
325	Polen	Sadlinki, Kwidzyn (Norden)	Fuchs 6	A2	C2	N1	Em4	G07
326				A2	C2	N1	Em4	G07
327				A2	C2	N1	Em4	G07
328				A2	C2	N1	Em4	G07
329				A2	C2	N1	Em4	G07
330	Polen	Prabuty, Kwidzyn (Norden)	Fuchs 7	A2	C2	N1	Em4	G07
331				A2	C2	N1	Em4	G08
332				A2	C2	N1	Em4	G07
333				A2	C2	N1	Em4	G07
334				A2	C2	N1	Em4	G07
335				A2	C2	N1	Em4	G07

Nr.	Land	Fundort		A	C	N	Em	G
336	Polen	Rozajny, Kwidzyn (Norden)	Fuchs 8	A2	C2	N1	Em4	G07
337				A2	C2	N1	Em4	G07
338				A2	C2	N1	Em4	G07
339				//	C2	N1	//	G07
340	Polen	Mikolajki, Mazurische Seen (Norden)	Fuchs 9	A2	C2	N1	Em4	G01
341				A2	C2	N1	Em4	G07
342				A2	C2	N1	Em4	G07
343				A2	C2	N1	Em4	//
344				A2	C2	N1	Em4	G07
345	Polen	Mikolajki, Mazurische Seen (Norden)	Fuchs 10	A2	C2	N1	Em4	G07
346				A2	C2	N1	Em4	G07
347				A2	C2	N1	Em4	G07
348				A2	C2	N1	Em4	G07
349				A2	C2	N1	Em4	G03
350	Polen	Rymanów (Süden)	Fuchs 11	A2	C5	N1	Em6	G30
351				//	C2	N1	//	G07
352				A2	C5	N1	Em6	G30
353				A2	C5	N1	Em6	G30
354				A2	C5	N1	Em6	G30
355	Polen	Krosno (Süden)	Fuchs 12	A2	C2	N1	Em4	G27
356				A2	C2	N1	Em4	G27
357				A2	C2	N1	Em4	G27
358				A2	C2	N1	Em4	G27
359				A2	C2	N1	Em4	G02
360	Polen	Krosno (Süden)	Fuchs 13	A2	C5	N1	Em6	//
361				A2	C5	N1	Em6	G30
362				A2	C5	N1	Em6	G30
363				A2	C5	N1	Em6	G30
364				A2	C5	N1	Em6	G30
365				A2	C2	N1	Em4	G25

366	Polen	Komancza (Süden)	Fuchs 14	A2	C5	N1	Em6	G07
367				A2	C5	N1	Em6	G07
368				A2	C5	N1	Em6	G07
369				A2	C5	N1	Em6	G07
370	Polen	Zagórz (Süden)	Fuchs 15	A2	C5	N1	Em6	G30
371				A2	C5	N1	Em6	G30
372				A2	C5	N1	Em6	G30
373				A2	C5	N1	Em6	G30
374				A2	C5	N1	Em6	G30
375	Polen	Bykowce, Sanok (Süden)	Fuchs 16	A2	C5	N1	Em6	G30
376				A2	C5	N1	Em6	G30
377				A2	C5	N1	Em6	G30
378				A2	C5	N1	Em6	G30
379				A2	C5	N1	Em6	G29
380	Polen	Lesko (Süden)	Fuchs 17	A2	C5	N1	Em6	G30
381				A2	C5	N1	Em6	G30
382				A2	C5	N1	Em6	G30
383				A2	C5	N1	Em6	G30
384				A2	C5	N1	Em6	G30
385	Polen	Bykowce, Sanok (Süden)	Fuchs 18	A2	C5	N1	Em6	G29
386				A2	C5	N1	Em6	G30
387				A2	C5	N1	Em6	G30
388				A2	C5	N1	Em6	G30
389				A2	C5	N1	Em6	G30
390	Polen	Dukla (Süden)	Fuchs 19	A2	C2	N1	Em4	G30
391				A2	C2	N1	Em4	G30
392				A2	C2	N1	Em4	G30
393				A2	C2	N1	Em4	G30
394				A2	C2	N1	Em4	G30
395				A2	C5	N1	Em6	G30

396	Polen	Frysztak, Strzyżów (Süden)	Fuchs 20	A2	C5	N1	Em6	G30
397				A2	C5	N1	Em6	//
398				A2	C5	N1	Em6	G30
399				A2	C5	N1	Em6	G30
425	Slowakei	857 190 Sobrance (Osten)	Fuchs 1	A2	C2	N1	Em4	G25
426				A2	C2	N1	Em4	G25
427				A2	C2	N1	Em4	G25
428				A2	C4	N1	Em5	G23
429				A2	C4	N1	Em5	G23
430	Slowakei	815 331 Habura (Osten)	Fuchs 2	A2	C2	N1	Em4	//
431				A2	C5	N1	Em6	G30
432				A2	C5	N1	Em6	G30
433				A2	C5	N1	Em6	G30
434				A2	C5	N1	Em6	G30
435	Slowakei	819 131 Hranovnica (Osten)	Fuchs 3	A2	C5	N1	Em6	G30
436				A2	C2	N1	Em4	G25
437				A2	C2	N1	Em4	G25
438				A2	C2	N1	Em4	G25
439				A2	C2	N1	Em4	G25
440	Slowakei	822 272 Jarovnice (Osten)	Fuchs 4	A2	C5	N1	Em6	G30
441				A2	C4	N1	Em5	G23
442				A2	C4	N1	Em5	G23
443				A2	C2	N1	Em4	G25
444				A2	C2	N1	Em4	G25
445	Slowakei	824 895 Kluknava (Osten)	Fuchs 5	A2	C4	N1	Em5	G23
446				A2	C4	N1	Em5	G23
447				A2	C4	N1	Em5	G23
448				A2	C4	N1	Em5	G23
449				A2	C4	N1	Em5	G23
450				A2	C2	N1	Em4	//

451	Slowakei	865 567 Lovčica-Trubín (Westen)	Fuchs 6	A2	C2	N1	Em4	G25
452				A2	C2	N1	Em4	G25
453				A2	C2	N1	Em4	G25
454				A2	C2	N1	Em4	G25
455	Slowakei	801 470 Banska Štiavnica (Westen)	Fuchs 7	A2	C2	N1	Em4	//
456				A2	C2	N1	Em4	G25
457				A2	C2	N1	Em4	G25
458				A2	C2	N1	Em4	G25
459				A2	C2	N1	Em4	G25
460	Slowakei	864 323 Trebušovce (Westen)	Fuchs 8	A4	C2	N1	Em7	//
461				A4	C2	N1	Em7	G05
462				A4	C2	N1	Em7	G05
463				A4	C2	N1	Em7	G05
464				A4	C2	N1	Em7	G05
465	Slowakei	855 863 Sklené (Westen)	Fuchs 9	A2	C2	N1	Em4	//
466				A2	C2	N1	Em4	G25
467				A2	C2	N1	Em4	G25
468				A2	C2	N1	Em4	G25
469				A2	C2	N1	Em4	G25
470	Slowakei	859 583 Hradna (Westen)	Fuchs 10	A2	C2	N1	Em4	G25
471				A2	C2	//	//	//
472				A2	C2	N1	Em4	G25
473				A2	C2	N1	Em4	G25
474				A2	C2	N1	Em4	G25
475	Slowakei	846 759 Plášťovce (Westen)	Fuchs 11	A2	C2	N1	Em4	//
476				A2	C2	N1	Em4	//
477				A2	//	N1	//	G05
478				A2	C2	N1	Em4	G05
479				A2	C2	N1	Em4	G05

Nr.	Land	Fundort	Name		C2	N1	Em	G
480	Slowakei	Kendice (Osten)	Fuchs 12	A4	C2	N1	Em7	G05
481				A4	C2	N1	Em7	G05
482				A4	C2	N1	Em7	G05
483				A4	C2	N1	Em7	G05
484				A4	C2	N1	Em7	G05
485	Slowakei	812 145 Dolné Srnie (Westen)	Fuchs 13	A2	C2	N1	Em4	G34
486				A2	C2	N1	Em4	G25
487				A2	C2	N1	Em4	G25
488				A2	C2	N1	Em4	G25
489				A2	C2	N1	Em4	G25
490	Slowakei	864 412 Trenčianske Jastrabie (Westen)	Fuchs 14	A2	C2	N1	Em4	G25
491				A2	C2	N1	Em4	G25
492				A2	C2	N1	Em4	G25
493				A2	C2	N1	Em4	G25
494				A2	C2	N1	Em4	G25
495	Tschechien	Prachatice N48°58' E14°09'	Fuchs 1	A2	C2	N1	Em4	G05
496				A2	C2	//	//	G05
497				A2	C2	N1	Em4	G05
498				A2	C2	N1	Em4	G05
499				//	C2	//	//	G05
500	Tschechien	Prag 3 N50°05' E14°34'	Fuchs 2	A2	C2	N1	Em4	G21
501				A2	C2	N1	Em4	G21
502				A2	C2	N1	Em4	G21
503				A2	C2	//	//	G21
504				A2	C2	N1	Em4	G21
505	Tschechien	Prag 4 N50°01' E14°23'	Fuchs 3	A2	C2	!!!	//	G21
506				A2	C2	N1	Em4	G21
507				A2	C2	N1	Em4	G21
508				//	C2	N1	//	G21
509				A2	C2	N1	Em4	G21

No.	Country	Location	Sample					
510	Tschechien	Prag 5 N50°03' E14°20'	Fuchs 4	A2	C2	N1	Em4	G04
511				A2	C2	N1	Em4	//
512				A2	C2	N1	Em4	G04
513				A2	C2	N1	Em4	G04
514				A2	C2	N1	Em4	G21
525	Tschechien	Přeštice, Distrikt Pilsen Süd N49,5752 E13,3314	Fuchs 5	A2	C4	N1	Em5	G23
526				A2	C4	//	//	G23
527				A2	C4	N1	Em5	G23
528				A2	C4	N1	Em5	G23
529				A2	C4	N1	Em5	G23
530	Tschechien	Rybník nad Radbuzou, Domazlice Distrikt N49,5139 E12,6789	Fuchs 6	A2	C2	//	//	G06
531				A2	C2	//	//	G06
532				A2	C2	//	//	G06
533				A2	C2	N1	Em4	G06
534				A2	C2	N1	Em4	G06
535	Tschechien	Třebeň, Cheb Distrikt N50,1290 E12,4002	Fuchs 7	A2	C2	N1	Em4	//
537				//	C2	//	//	//
538				A2	C2	!!!	//	//
539				A2	C2	N1	Em4	//
540	Tschechien	Babylon, Domazlice Distrikt N9,3986 E12,8625	Fuchs 8	A2	C2	N1	Em4	G22
541				A2	C2	N1	Em4	G22
542				A2	C2	N1	Em4	G22
543				A2	C2	N1	Em4	G22
544				A2	C2	N1	Em4	G22
545	Tschechien	Kout na Šumavě, Domazlice Distrikt N49,4022 E13,0026	Fuchs 9	A4	C2	//	//	G05
546				A4	C2	//	//	G05
547				A4	C2	//	//	G05
549				//	C2	//	//	//
550				A2	C2	N1	Em4	G25
551				A2	C2	//	//	//

#	Land	Ort	Fuchs					
553	Tschechien	Újezd u Domažlic 1, Domazlice Distrikt N49,4357 E12,8695	Fuchs 10	A2	C2	N1	Em4	G25
554				A2	C2	N1	Em4	G25
555	Tschechien	Smolov, Domazlice Distrikt N49,4179 E12,9639	Fuchs 11	//	C2	N1	//	G05
556				A4	C2	N1	Em7	G05
557				A4	C2	N1	Em7	G05
558				A4	C2	//	//	G05
559				A4	C2	N1	Em7	G05
560	Frankreich	Département Moselle 57220 Condé-Northen	Fuchs 1	A2	C2	N1	Em4	//
561				A2	C2	N1	Em4	//
562				A2	C2	N1	Em4	//
563				A2	C2	N1	Em4	//
564				A2	C2	N1	Em4	//
565	Frankreich	Département Meurthe & Moselle 54360 Barbonville	Fuchs 2	A2	C2	//	//	G10
566				A2	C2	N1	Em4	G10
567				A2	C2	N1	Em4	G10
568				A2	C2	N1	Em4	G10
569				A2	C2	N1	Em4	G10
570	Frankreich	Département Ardennes 08090 Belval	Fuchs 3	A5	C2	N1	Em8	G10
571				A5	C2	N1	Em8	G24
572				A5	C2	N1	Em8	G03
573				A5	C2	N1	Em8	G03
575	Frankreich	Département Ardennes	Fuchs 4	A2	C2	N1	Em4	//
576	Frankreich	Département Moselle 57530 Hayes	Fuchs 5	A2	C2	N1	Em4	G10
577				A2	C2	N1	Em4	G17
578				A2	C2	N1	Em4	G17
579				A2	C2	N1	Em4	G10
580	Frankreich	Département Moselle 57840 Ottange	Fuchs 6	A2	C6	//	//	G10
581				A2	C6	N1	Em9	G28
582				A2	C6	N1	Em9	G28
583				A2	C6	N1	Em9	G28

Nr.	Land	Fundort	Probe	A2	C6	N1	Em9	G28
584				A2	C6	N1	Em9	G28
586	Frankreich	Département Moselle 57220 Hinckange	Fuchs 7	A2	C2	N1	Em4	G22
587				A2	C2	N1	Em4	G22
588				A2	C2	N1	Em4	G22
589				A2	C2	N1	Em4	G22
590	Tschechien	Kejšovice, Distrikt Plisen Nord N49,95 E13,05	Fuchs 12	A2	C2	N1	Em4	G05
591				A2	C2	N1	Em4	G21
592				A2	C2	N1	Em4	G05
593				A2	C2	N1	Em4	G05
594				A4	C2	N1	Em7	G05
595	Tschechien	Zbiroh, Rokycany Distrikt N49,86 E13,77	Fuchs 13	A4	C2	N1	Em7	//
596				A4	C2	N1	Em7	G05
597				A4	C2	N1	Em7	G05
598				A4	C2	N1	Em7	G05
599				A4	C2	N1	Em7	G05
600	Tschechien	Otov, Domazlice Distrikt N49,48 E12,84	Fuchs 14	A4	C2	N1	Em7	G05
601				A4	C2	N1	Em7	G05
602				//	C2	//	//	G05
603				A4	C2	N1	Em7	G05
604				A4	C2	N1	Em7	G05
605	Tschechien	Újedz u Domažlic 2, Domazlice Distrikt N49,43 E12,87	Fuchs 15	A4	C2	N1	//	G25
607				A4	C2	N1	Em7	G25
608				A4	C2	//	//	G25
609				A4	C2	//	//	G25
610	Frankreich	Dép. Moselle, 57340 Landroff	Fuchs 8	A2	C2	N1	Em4	//
611				A2	C2	N1	Em4	//
612				A2	C2	N1	Em4	//
613	Frankreich	Dép. Moselle, 57340 Harpich	Fuchs 9	A2	C2	N1	Em4	//
614				A2	//	N1	//	//

Nr.	Land	Ort	Name					
617	Frankreich	Dép. Moselle, 57070 St. Julien les Metz	Fuchs 10	//	C2	//	//	//
618				A2	C2	N1	Em4	//
619	Frankreich	Dép. Moselle, 57320 Remelfang	Fuchs 11	A2	C2	N1	Em4	//
620				A2	C2	//	//	//
621				A2	C2	//	//	//
622				A2	C2	N1	Em4	//
623				A2	C2	N1	Em4	//
624	Frankreich	Dép. Moselle, 57220 Guinkirchen	Fuchs 12	A2	C2	//	//	//
625				A2	C2	//	//	//
626				A2	C2	N1	Em4	//
628	Frankreich	Dép. Moselle, 57220 Piblange	Fuchs 13	A2	C2	N1	Em4	//
629				A2	C2	N1	Em4	//
630				A2	C2	N1	Em4	//
631				A2	C2	!!!	//	//
632	Frankreich	Dép. Moselle, 57340 Virming	Fuchs 14	A2	C2	N1	Em4	//
633				A2	C2	N1	Em4	//
634				A2	C2	N1	Em4	//
635				A2	C2	N1	Em4	//
636	Frankreich	Dép. Ardennes, 08270 Justine-Herbigny	Fuchs 15	A2	C6	//	//	//
637				A2	C2	//	//	//
638				//	C6	//	//	//
639	Frankreich	Dép. Ardennes, Edly	Fuchs 16	A2	C2	N1	Em4	//
640				A2	C2	N1	Em4	//
641				A2	C2	N1	Em4	//
642				A2	//	//	//	//
643				//	C2	//	//	//
644	Frankreich	Dép. Ardennes, 08440 Vivier au court	Fuchs 17	A2	C2	//	//	//
645				A2	C2	N1	Em4	//

Probe	Land	Region	Organismus	Haplotyp atp6	Haplotyp cox1	Haplotyp nd1	Haplotyp gesamt	EmsB
646				A2	C2	//	//	//
647				A2	C2	//	//	//
648	Frankreich	Dép. Ardennes, 08220 Remaucourt	Fuchs 18	A2	C2	N1	Em4	//
649				A2	C2	//	//	//
650	Frankreich	Département Moselle	Fuchs 19	A2	C2	N1	Em4	//
651				A2	C2	//	//	//
652	Frankreich	Département Meurthe & Moselle	Fuchs 20	A2	C2	//	//	//
653				A2	C2	N1	Em4	//

Isolate Hohenheim; BW = Baden-Württemberg, BY = Bayern, // = kein Ergebnis

Probe	Land	Region	Organismus	Haplotyp atp6	Haplotyp cox1	Haplotyp nd1	Haplotyp gesamt	EmsB
1A	Deutschland	Römerstein (BW)	Fuchs 1	A2	C2	N1	Em4	G37
1B				A2	C2	N1	Em4	G37
1C				A2	C2	N1	Em4	G37
1D				A2	C2	N1	Em4	G37
1E				A2	C2	N1	Em4	G37
1F				A2	C2	N1	Em4	G37
2A	Deutschland	Wiesensteig (BW)	Fuchs 2	A7	C7	N1	Em12	G19
2B				A7	C7	N1	Em12	G19
2C				A7	C7	N1	Em12	G19
2D				A7	C7	N1	Em12	G19
2F				A7	C7	N1	Em12	G19
3A	Deutschland	Donnstetten (BW)	Fuchs 3	A2	C2	N1	Em4	G39
3B				A2	C2	N1	Em4	G39
3C				A2	C2	N1	Em4	G39
3D				A2	C2	N1	Em4	G39

				A2	C2	N1	Em4	
3E				A2	C2	N1	Em4	G39
4A				A2	C2	N1	Em4	G39
4B				A2	C2	N1	Em4	G37
4C	Deutschland	Donnstetten (BW)	Fuchs 4	A2	C2	N1	Em4	G37
4D				A2	C2	N1	Em4	G37
4E				A2	C2	//	//	G37
5A				A2	C2	N1	Em4	G07
5B				A2	C2	N1	Em4	G39
5C	Deutschland	Wiesenstein (BW)	Fuchs 5	A2	C2	N1	Em4	G39
5D				A2	C2	N1	Em4	G39
5E				A2	C2	N1	Em4	G39
6B				A2	C2	N1	Em4	//
6C				A2	C2	//	//	G39
6D	Deutschland	Ditz-Auendorf (BW)	Fuchs 6	A2	C2	//	//	G19
6E				A2	C2	N1	Em4	G39
6F				A2	C2	N1	Em4	G39
7A				A2	C2	N1	Em4	G39
7B				A2	C2	N1	Em4	G39
7C	Deutschland	Ditz-Auendorf (BW)	Fuchs 7	A2	C2	N1	Em4	G39
7E				//	C2	N1	//	G39
7F				A2	C2	N1	Em4	G39
7G				A2	C2	N1	Em4	G39
8A				A2	C2	N1	Em4	G19
8B				A2	C2	//	//	G19
8C	Deutschland	Drackenstein (BW)	Fuchs 8	A2	//	//	//	G27
8D				A2	C2	//	//	G27
8E				A2	C2	N1	Em4	G27
10A				A2	C2	N1	Em4	G39
10B	Deutschland	Ditz-Auendorf (BW)	Fuchs 9	A2	C2	N1	Em4	G39
10C				A2	C2	N1	Em4	G39

10D				A2	C2	N1	Em4	G39
10E				A2	C2	N1	Em4	G39
11A				A2	C2	N1	Em4	G35
11B				A2	C2	N1	Em4	G35
11C	Deutschland	Krailling (BY)	Fuchs 10	A2	C2	N1	Em4	G35
11D				A2	C2	N1	Em4	G35
11E				A2	C2	N1	Em4	G35
12A				A2	C2	N1	Em4	G27
12B				A2	C2	N1	Em4	G27
12C	Deutschland	Andechs (BY)	Fuchs 11	A2	C2	N1	Em4	G27
12D				A2	C2	N1	Em4	G27
12E				A2	C2	N1	Em4	G27
13A				A2	C2	N1	Em4	G19
13B				A2	C2	N1	Em4	G19
13C	Deutschland	Gilching (BY)	Fuchs 12	A2	C2	N1	Em4	G39
13D				A2	C2	N1	Em4	G19
13E				//	//	N1	//	//
14C				A2	C2	N1	Em4	G19
14D	Deutschland	Gilching (BY)	Fuchs 13	A2	C2	N1	Em4	G19
14F				A2	C2	N1	Em4	G39
15A				//	C2	N1	//	G39
15C	Deutschland	Dießen (BY)	Fuchs 14	A2	C2	N1	Em4	G39
15D				A2	C2	N1	Em4	G39
17A				A2	C2	N1	Em4	G39
17B				//	C2	N1	//	G39
17C	Deutschland	Andechs (BY)	Fuchs 15	A2	C2	N1	Em4	G39
17D				A2	C2	N1	Em4	G35
17E				A2	C2	N1	Em4	G39
18A				A2	C2	N1	Em4	G35
18B				A2	C2	N1	Em4	G39

	Land	Ort	Probe	A2	C2	N1	Em4	G
18C	Deutschland	Feldafing (BY)	Fuchs 16	A2	//	N1	//	G39
18D				A2	C2	N1	Em4	G35
18E				A2	C2	N1	Em4	G35
20A	Deutschland	Seefeld (BY)	Fuchs 17	A2	C2	N1	Em4	G07
20B				A2	C2	N1	Em4	G39
20C				A2	C2	N1	Em4	G07
20D				A2	C2	N1	Em4	G39
20E				A2	C2	N1	Em4	G07
20F				A2	C2	N1	Em4	G38
20G				A2	C2	N1	Em4	G07
20H				A2	C2	N1	Em4	G07
20I				A2	C2	N1	Em4	G07
21C	Deutschland	Römerstein (BW)	Fuchs 18	A2	C2	//	//	G37
23A	Deutschland	Gilching (BY)	Fuchs 19	//	C2	N1	//	G19
23B				//	C2	N1	//	G19
23C				//	C2	N1	//	G19
23D				A2	C2	N1	Em4	G19
23E				A2	C2	N1	Em4	G19
24A	Deutschland	Wiesenstein (BW)	Fuchs 20	A2	C2	N1	Em4	G37
24B				A2	C2	N1	Em4	G37
24C				A2	C2	N1	Em4	G37
24D				A2	C2	N1	Em4	G37
24E				A2	C2	N1	Em4	G37
B1	Luxemburg	Our oberhalb/ Almendingen	Bisam 1	A2	C2	N1	Em4	//
B2	Luxemburg	Our unterhalb	Bisam 2	A2	C2	N4	Em13	//
B3	Luxemburg	Obersauer unterhalb	Bisam 3	A2	C2	N1	Em4	//
B4	Luxemburg	Our Wellendorf	Bisam 4	A2	C2	N1	Em4	//
B5	Luxemburg	Große Aul/ Obere Our	Bisam 5	A2	C2	N1	Em4	//
B6	Luxemburg	Our oberhalb	Bisam 6	A2	//	N1	//	//

B7	Luxemburg	Dreiländereck	Bisam 7	A2	C2	N1	Em4	//
B8	Luxemburg	Oberhalb Wehe von Kalborn	Bisam 8	A2	C6	N1	Em9	//
B9	Luxemburg	Our oberhalb	Bisam 9	A2	C2	N1	Em4	//
B10	Luxemburg	Our oberhalb	Bisam 10	A2	C2	N1	Em4	//
A1	Deutschland	Wiesensteig (BW)	Fuchs A	A6	//	//	//	//
A2				A6	//	N3	//	//
A3				A6	//	N3	//	//
A5				A6	//	N3	//	//
C5	Deutschland	Hanfeld (BY)	Fuchs C	A2	//	//	//	//
D1	Deutschland	Painhofen (BY)	Fuchs D	A2	//	N1	//	//
D4				A2	//	N1	//	//
E2	Deutschland	Dießen (BY)	Fuchs E	A2	//	N1	//	//
E5				A2	//	//	//	//
S12	Deutschland	Donnstetten (BW)	Fuchs S12	//	//	N1	//	//
S14	Deutschland	Frieding (Bayern)	Fuchs S14	A2	C2	N1	Em4	//
S16	Deutschland	Römerstein (BW)	Fuchs S16	A6	C6	N3	Em10	//
S17	Deutschland	Donnstetten (BW)	Fuchs S17	A6	C6	N3	Em10	//
S18	Deutschland	Zainingen (BW)	Fuchs S18	A2	C2	N1	Em4	//
S19	Deutschland	Römerstein (BW)	Fuchs S19	A2	C7	N1	Em11	//
K1	Deutschland	Oberrheintal (BW)	Nutria 1	//	C2	N1	//	//
K2	Deutschland	Oberrheintal (BW)	Nutria 2	//	C2	N1	//	//

Lebenslauf

Persönliche Daten

Name: Sandra Jastrzembski

Geburtsdatum und -Ort: 03.07.1983, Essen

Schulische Ausbildung

1990-1994   Josefschule Essen-Kupferdreh

1994-2003   Gymnasium Essen-Werden; Abschluss: Abitur

Studium

2003-2005   Grundstudium Biologie Diplom, Ruhr Universität Bochum

2005-2009   Grund- und Hauptstudium Biologie Diplom, Universität
                 Hohenheim

                 Schwerpunktfächer: Zoologie

                                    Parasitologie

                                    Virologie

                 Mitarbeit in der AG Gravitationsbiologie: Teilnahme an der
                 12. DLR Parabelflugkampagne, Auswertung des Foton-
                 M3-Projektes, Untersuchung des Verhaltens von
                 Buntbarschen unter Mikrogravitation und Analyse der
                 Otolithen

                 Mitarbeit in der AG Tierökologie: Betreuung von
                 Insektenzuchten

Mitarbeit im Institut für Zoologie: Betreuung von
Studentenpraktika; Vorbereitung von Exkursionen

11/2008-05/2009   Diplomarbeit, Universität Hohenheim, FG Parasitologie:
„Genetische Diversität von *Echinococcus multilocularis* in
Süddeutschland"

04.05.2009   Diplom

2009-2016   Promotion, Universität Hohenheim, FG Parasitologie:
„Genetische Diversität von *Echinococcus multilocularis* —
Vergleichende Untersuchungen zweier Markersysteme"

Auslandsaufenthalte während des Studiums

2008   Slowakei; Parasitologisches Institut der Slovak Academy
of Sciences, Košice

2009   Südafrika; Mogol Dierekliniek/ Animal Clinic, Ellisras/
Lephalale

2010   Frankreich; Université de Franche-Comté, Besançon

www.ingramcontent.com/pod-product-compliance
Lightning Source LLC
Chambersburg PA
CBHW060303220326
41598CB00027B/4220